尾矿库溃坝灾害
影响预评估方法与防范措施

王 昆 敬小非 陈宇龙 张俊阳 著

重庆大学出版社

内容提要

尾矿库作为矿山采选工程的必要生产设施,其安全运行对矿产资源持续稳定供应至关重要。21世纪尾矿库重大事故频发,酿成惨重伤亡损失与环境污染,为尾矿库灾害防控鸣响警钟。本书瞄准尾矿库溃灾影响预评估方法与防范措施,引入无人机遥感、计算流体动力学等跨学科前沿方法,研究尾矿坝溃灾侵蚀过程、泥流运移机制及数值仿真方法,为尾矿库选址论证、防灾措施评估等过程提供科学依据。本书主要内容包括尾矿库溃坝重大事故回顾、溃灾影响数值仿真方法、防范措施分析、加筋尾矿坝漫顶溃坝行为等。

本书可作为从事尾矿库运营维护企业技术人员以及相关高校研究人员的参考用书。

图书在版编目(CIP)数据

尾矿库溃坝灾害影响预评估方法与防范措施／王昆
等著. -- 重庆：重庆大学出版社,2023.2
ISBN 978-7-5689-3672-9

Ⅰ.①尾… Ⅱ.①王… Ⅲ.①尾矿—溃坝—影响—评估②尾矿—溃坝—灾害防治 Ⅳ.①TD926.4

中国国家版本馆 CIP 数据核字(2023)第 012981 号

尾矿库溃坝灾害影响预评估方法与防范措施
WEIKUANGKU KUIBA ZAIHAI YINGXIANG YUPINGGU FANGFA YU FANGFAN CUOSHI

王昆　敬小非　陈宇龙　张俊阳　著
策划编辑:荀荟羽
责任编辑:杨育彪　　版式设计:荀荟羽
责任校对:王倩　　责任印制:张策

*

重庆大学出版社出版发行
出版人:饶帮华
社址:重庆市沙坪坝区大学城西路 21 号
邮编:401331
电话:(023)88617190　88617185(中小学)
传真:(023)88617186　88617166
网址:http://www.cqup.com.cn
邮箱:fxk@cqup.com.cn(营销中心)
全国新华书店经销
重庆升光电力印务有限公司印刷

*

开本:720mm×1020mm　1/16　印张:13.5　字数:194 千
2023 年 2 月第 1 版　2023 年 2 月第 1 次印刷
印数:1—1 000
ISBN 978-7-5689-3672-9　定价:88.00 元

前　言

金属矿产资源是国民经济发展的一大支柱,但长期高强度开发利用会产生大量的尾矿废弃物。自21世纪以来,巴西、加拿大等国尾矿库重大溃坝事故频发,造成惨重的人员伤亡、巨额的经济损失与难以估量的生态环境污染。"十三五"期间,我国矿石年产量增长22.3%,而矿石采出品位呈现下降趋势,故尾矿废弃物年排放量仍维持在12亿t以上规模。尾矿库作为矿山采选工程的必要生产设施,其安全运行对维持矿山企业正常生产秩序、保障矿产品持续稳定供应至关重要。我国现有尾矿库7 800座,包括1 112座"头顶库",涉及下游40余万居民安危,并且稳定性较差的上游式筑坝尾矿库占比约为75%,灾害防控基础薄弱的四、五等库占比约为85%,尾矿库灾害防控形势严峻且复杂。2020年2月,我国应急管理部等八部委(局)印发《防范化解尾矿库安全风险工作方案》,指出多数尾矿库安全风险防控措施制定不科学、溃坝应急响应预案缺乏科学理论证据,重点部署"建立完善尾矿库安全风险监测预警机制、完善尾矿库应急管理机制"等工作任务。国内外学者普遍认为,尾矿库溃坝事故率远高于常规水利工程,研发灾害预报与防控理论技术意义重大。

尾矿库溃坝过程不易控制、破坏性强且具备个体独立性,现场试验基本不可行。国内外学者采用理论分析、模型试验与数值模拟等研究手段,针对溃灾泥流的致灾过程及其造成影响的预评估方法开展了一系列卓有成效的研究。然而,因研究的复杂性,仍存在诸多亟须解决的难题,例如尾矿库溃灾事故案例研究数据短缺,多数溃灾影响预评估模型缺少实例验证;溃灾泥流运移过程受高差、坡度、曲率等地形因子影响,而多数研究中下游地形处理过于简化,与工程实际联系不紧密;缺少针对漫顶、管涌等溃灾侵蚀过程及其防护工程效果的深入研究。

本书在前人研究的基础上,瞄准尾矿库溃灾影响预评估背后的基础科学问题,以"案例分析、工程调研、模型试验、理论分析、数值仿真"相结合的研究方案,引入无人机遥感、计算流体动力学等一系列跨学科前沿技术方法研究尾矿库溃灾侵蚀过程、泥流运移机制以及溃灾影响预评估模型方法,并利用该方法为尾矿库选址论证、防灾措施评估等过程提供基础的科学依据,以化解矿山生产过程重大灾害事故预防与应急中的重大难题。

本书得到了国家自然科学基金(项目号:52104138、51774045、51974051)、山东省自然科学基金(项目号:ZR2020QE101)、青岛市博士后应用研究项目的支持。感谢山东科技大学、北京科技大学、北京联合大学、埃克塞特大学、重庆大学、重庆科技学院等单位为本研究所提供的优越科研条件。感谢杨超、诸利一、程晓亮、唐鹏飞、王平、戴健非、王涛、杨修志、张峥等对本书所涉及的工程调研、模型试验、数值仿真等研究内容作出的贡献。向本书所参考文献的作者以及本领域专家表示崇高敬意。

受编者水平所限,书中疏漏和不足之处恳请广大读者批评指正。

编　者

2022 年 7 月

目　录

1 概　述

　　矿产资源是自然资源的重要组成部分,是经济社会发展和生态文明建设的重要物质基础。截至 2020 年年底,我国已发现矿产 173 种,其中,煤炭、石油、天然气等能源矿产 13 种,铁、锰、铜等金属矿产 59 种,石膏、磷矿等非金属矿产 95 种,水气矿产 6 种。随着我国供给侧结构性改革和产业结构调整的不断深入,煤炭、钢铁等企业兼并、重组步伐加快,矿山企业劳动生产率显著提高,产业集约化程度不断提升。"十三五"期间,我国颁布了一系列法律法规,调整了资源税和企业所得税征收办法,树立了节约集约与循环利用的矿产资源开发导向,引导了采矿、选矿、冶炼技术的不断革新,进一步规范了矿产资源开发利用的秩序,鼓励了矿山企业加强共伴生矿、低品位矿和尾矿等固体废物资源的综合利用。

　　据《全国非油气矿产资源开发利用统计年报》《矿产资源节约与综合利用报告(2021)》数据,全国非油气矿山数量从 2011 年的 10 余万个逐年下降至 2020 年的 4.6 万个,落后的小型矿山被淘汰;大中型矿山占比同期从 8.4% 提高至 34.7%,年产矿石量从 2011 年的 90.68 亿 t 下降至 2016 年的 76.01 亿 t,随后逐年增长至 2020 年的 98.38 亿 t。"十三五"期间,全国非油气矿山数量减少 31 569 座,数量下降 40.7%,然而矿石年产量同期不减反增,从 76.01 亿 t 增长至 98.38 亿 t,增长 29.4%。劳动生产率方面,"十三五"期间,全国非油气矿山从业人员劳动生产率和人均矿业产值保持上升趋势,劳动生产率从 1 706.12 t/人升至 2 751.59 t/人,增长 61.3%,人均矿业产值从 27.1 万元/人增加至 55.4 万元/人,增长 104.43%。

以上数据表明,矿业领域技术装备的飞速进步大幅推动了矿产资源开发,实现了集约化、规模化、减员化转型,全国矿山数量与从业人员大幅减少,而矿石年产量不降反增,矿山劳动生产率大幅提高。与此同时,大规模、高强度开采背景下,高品位易采矿床消耗殆尽,多数矿种采出品位呈下降趋势。例如,2011—2020 年,铁矿地采平均采出品位从 36.2% 下降至 29.87%,锌矿露采品位从 6.07% 下降至 3.42%。放眼全球,21 世纪以来各类矿产品需求量仍然维持在历史高位,矿产资源的开发利用保持向"大规模、低品位"方向发展的基本态势。因此,矿石采选产出的尾矿固体废弃物规模必然持续增长,尾矿废弃物堆存场所因极端天气、自然灾害、管理不善等引发的重大溃坝伤亡事故、环境危害、社会矛盾等问题,正在对全球各国矿业造成重大冲击,引起社会公众、矿山企业、矿业监管部门及科研人员的热切关注。

1.1 尾矿库的概念

矿石是地壳中的矿物集合体,除包含生产需要的有用矿物外,还包含其他多种矿物元素。在对采出矿石进行破碎、磨细、加工生产过程中,除提取部分有用矿物外,矿石中的其他矿物元素会以固体废弃物的形式分选出来,堆放在矿山固体废弃物储存设施中。

尾矿是指矿石采出、破碎、磨细、选别后,残余有用成分少、当前经济技术条件不宜进一步分选的细颗粒固体废弃物,也就是矿石经选别出精矿后剩余的固体废料。尾矿一般是由选矿厂排放矿浆,经自然脱水后形成,其种类繁多、性质复杂,我国尾矿类型以硅酸盐型、碳酸盐型为主,同时存在镁铁硅酸盐型、高钙硅酸盐型、镁质碳酸盐型等。不同矿种的尾矿所含氧化物种类基本相同,但含量差距比较大,以 SiO_2、Al_2O_3、Fe_2O_3、MgO 和 CaO 为主,伴有其他金属氧化物。由于不同排放时期选矿工艺技术、经济条件及矿石工业品位指标的差异,库内堆存尾矿的同时也具备资源二次开发的潜力。

在矿山生产过程中,除通过井下充填、材料制备等方式综合利用的部分尾矿外,大多数尾矿都被排放堆存于尾矿库中。尾矿库又称为尾矿池、尾矿贮存设施,是由尾矿坝堆筑拦截山谷或围地构成,用以贮存特定时期矿山无法进一步利用的尾矿废弃物。人类社会文明发展离不开矿产资源的开发利用,因此,尾矿库在大多数国家均有分布,特别是矿产资源开发活跃地区。尾矿库通常先使用碎石、土等材料堆筑初期坝,作为尾矿堆积坝的排渗及支撑结构。随着矿山采选生产的进度,待库内尾矿废料堆积接近坝顶高度时,通常再利用相对粗粒的尾矿材料向上逐级建设若干尾矿堆积坝以提高坝高及库容,直至达到设计坝高与库容。

尾矿的安全堆存是非煤矿山安全生产的重要环节之一。尾矿库通常地势高且所堆存尾矿流动性强,被视为具备高势能的人造泥石流重大危险源,一旦发生溃坝事故,将对下游居民生命财产安全、周边生态环境造成严重威胁,影响社会经济的稳定发展。

某金矿尾矿库鸟瞰图如图 1.1 所示。

图 1.1　某金矿尾矿库鸟瞰图

1.2 尾矿库的分类

1.2.1 根据筑坝工艺特征分类

根据筑坝工艺特征,尾矿库主要可分为上游式筑坝尾矿库、下游式筑坝尾矿库、中线式筑坝尾矿库、一次建坝尾矿库等。

(1)上游式筑坝尾矿库

上游式筑坝尾矿库示意图如图1.2所示。

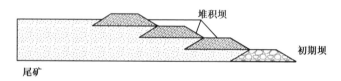

图1.2 上游式筑坝尾矿库示意图

上游式筑坝方法是通过在库区内的沉积干滩面上选取排入库内的粗粒尾砂,在初期坝上游方向堆筑高度为1~3 m的堆积坝来逐级提升坝高与库容,其特点是堆积坝坝顶轴线逐级向初期坝上游方向推移。该方法所需筑坝材料较少、造价低廉、工艺简单、运行维护费用低,因此我国约80%尾矿库采用该方法筑坝。然而,渗透性差、库内水位难以控制,易导致浸润线过高,粗尾砂堆积坝孔隙压力增加,砂土趋向饱和,受地震力作用后砂土体积缩小,有效压力减小,从而丧失抗剪强度。因此上游式尾矿坝稳定性相对较差,容易因地震产生液化流动,产生灾难性后果。在预期易发生洪水、高地震设计烈度区域不宜采用该筑坝工艺。巴西在2015年、2019年先后发生两起震惊世界的尾矿库重大溃坝事故后,已下令禁止新建上游式筑坝尾矿库,并要求3年内退役约80座采用上游式筑坝工艺的尾矿库。

（2）下游式筑坝尾矿库

下游式筑坝尾矿库示意图如图1.3所示,旋流器示意图如图1.4所示。

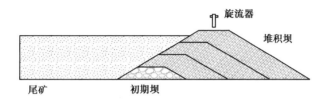

图1.3　下游式筑坝尾矿库示意图

下游式筑坝方法是指在初期坝下游方向用水力旋流器等分离设备分离出的粗尾砂堆坝的筑坝方式,分离出的细颗粒尾砂排入库内沉积,其特点是堆积坝顶轴线向初期坝下游方向逐级推移。与上游式尾矿坝不同,下游式尾矿坝因采用粗砂筑坝,渗透性能较强,坝体稳定性好,但坝脚将随着坝体升高不断外移,初期坝布置须预留充足的排放空间。此外,该方法筑坝费用、运行维护工作量均较高,筑坝材料需求量随着堆积坝抬升而呈指数增加,如采用矿山废石或粗尾矿筑坝,坝体施工进度易受到材料供应量制约。

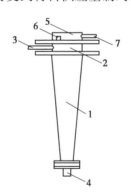

1—锥形腔;2—圆筒腔;3—进砂管;4—排砂口;5—顶盖;6—溢流导管;7—细尾砂浆溢流管

图1.4　旋流器示意图

（3）中线式筑坝尾矿库

中线式筑坝尾矿库示意图如图1.5所示。

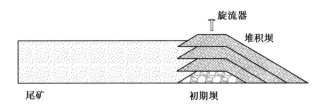

图 1.5　中线式筑坝尾矿库示意图

中线式筑坝方法是指在初期坝轴线处用水力旋流器等分离设备分离出的粗砂堆坝的筑坝方式,其特点是堆积坝坝顶轴线始终不变。因使用粗颗粒尾砂筑坝,坝体渗透性强、稳定性好,所需筑坝材料与费用介于上游式和下游式筑坝方法之间,但工艺较为复杂、管理维护工作量大。如果采用矿山废石或粗尾砂筑坝,同样面临材料需求量与生产率失衡的风险。

（4）一次建坝尾矿库

一次建坝方法指全部用除尾矿外的筑坝材料一次或分期建造完成尾矿坝,尾矿库正式运行期间不再实施筑坝。一次建坝尾矿库主要适用于选厂排放尾砂颗粒较细,难以筑坝,材料需求或者施工要求较高的情况。该方法要求初始库容即能满足服务年限内选厂排放尾矿库容,因此初期投资费用往往较高。2020 年 4 月,国务院安全生产委员会印发《全国安全生产专项整治三年行动计划》,要求新建四等、五等尾矿库必须采用一次建坝工艺。

1.2.2　根据地形条件分类

尾矿库根据地形条件特征,主要分为山谷型、傍山型、平地型、截河型、海底排放等类型。

（1）山谷型尾矿库

山谷型尾矿库(图 1.6)是在山区和丘陵等地区结合自然地理条件在合适的山谷谷口处筑坝所形成的尾矿库。山谷型尾矿库的特点是初期坝相对较短,坝体工程量较小,后期管理和维护相对较容易,当后期堆筑坝较高时可获得较大的库容;库区纵深较长,尾矿水澄清距离及干滩长度容易满足设计要求;汇水面积较大,排水设施工程量大。我国大中型尾矿库多属于此类。

（2）傍山型尾矿库

傍山型尾矿库(图 1.7)是利用山坡坡脚的自然有利条件,在山坡坡脚下依山筑坝所围成的。傍山型尾矿库的特点是初期坝较长,初期坝和后期尾矿堆积坝工程量较大,库容纵深较短,澄清距离、干滩长度及后期筑坝高度受限,故库容较小;汇水面积小,调洪能力低,排洪设施的进水构筑物较大,管理、维护相对较复杂。

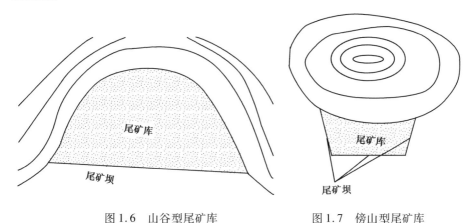

图 1.6　山谷型尾矿库　　　　　图 1.7　傍山型尾矿库

（3）平地型尾矿库

平地型尾矿库(图 1.8)是在平缓地形选择合适区域的四周筑坝所围成的。平地型尾矿库的特点是初期坝和后期尾矿堆筑坝工程量大,建设费用高,运行维护复杂;由于周边堆坝,尾矿沉积滩坡度越来越缓,澄清距离、干滩长度等随之减小,堆坝高度受到限制;汇水面积小,排洪构筑物相对较少。国内平原或沙漠地区多采用此类尾矿库。

（4）截河型尾矿库

截河型尾矿库(图 1.9)是截取一段河床,在其上、下游两端分别筑坝形成的。除此之外,在宽浅式河床上留出一定的流水宽度,三面筑坝围成的尾矿库也属于此类(图 1.10)。截河型尾矿库的特点是不占用农田,库内汇水面积不大,但库外上游汇水面积通常较大,库内和库外都要设置排水系统,配置较复杂,规模庞大。因此,这种类型的尾矿库较为少见。

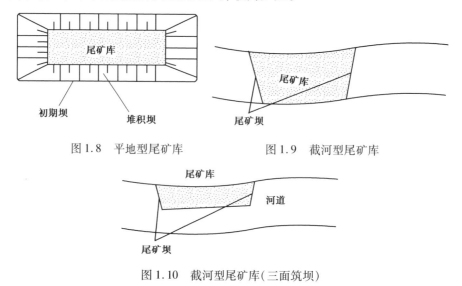

图 1.8　平地型尾矿库　　　　图 1.9　截河型尾矿库

图 1.10　截河型尾矿库(三面筑坝)

(5)海底排放尾矿

在 21 世纪初频繁发生重大尾矿库溃灾事故的背景下,有学者提出将尾矿排放至普遍具备还原环境的深海是一种更安全的尾矿处置方法,将有助于避免地表堆存安全事故、维持尾矿化学性质稳定,从而降低环境污染风险。

下面以加拿大铜岛矿为例,简要介绍尾矿海底排放的过程。如图 1.11 所示,选厂浮选后的尾矿进入浓密池,在浓密池处加石灰和絮凝剂,从浓密池回收生产用水后,剩余的尾矿从浓密池的底部以重力方式通过管道输送到混合池。为防止矿浆浓度过大堵塞管道,可利用高浓度矿浆与海水形成的水头压差,通过海水提升管,在混合池中加海水稀释,稀释后的尾矿浆经钢管排到海底。钢管内壁衬有塑料,一直延伸到海底深处,在管道末端用锚固装置将管道固定。

尾矿海底排放可以减少尾矿库的占地面积,避免对矿区地表造成污染,但是目前世界上仍在采用此方法,主要是东南亚和太平洋的部分岛国、地中海沿岸少数国家、加拿大、挪威,以及美国阿拉斯加等,上述国家或地区土地资源稀缺且降雨丰富,陆地堆放尾矿可能会因为当地降水导致地表水量过大,尾矿最终沿山谷进入河流和海洋中,建设传统尾矿库的风险大于水体中贮存尾矿。由于水体中贮存尾矿的长期环境和生态危害尚不明确,因此我国极少采用此类方法贮存尾矿。河北司家营铁矿利用距矿山 28 km 处的古冶采煤塌陷区所形成人工湖来贮存尾矿,有效解决了尾矿库选址占用耕地难题,预计比新征土地建尾矿库节约用地 3.73 km²。

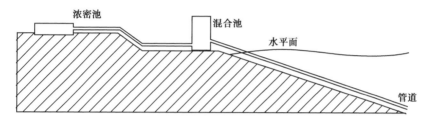

图 1.11　加拿大铜岛矿海底排放示意图

1.2.3　根据库容和坝高等别划分

根据现行《尾矿库安全规程》(GB 39496—2020),尾矿库根据总库容和总坝高可分为一至五等库。尾矿库各使用期的设计等别应根据该期的全库容和尾矿坝高分别按表 1.1 确定。当按尾矿库的全库容和尾矿坝高分别确定的尾矿库等别的等差为一等时,应以高者为准;当等差大于一等时,应按高者降一等确定。

表 1.1　尾矿库各使用期的设计等别

等别	全库容 $V/(10^4\mathrm{m}^3)$	坝高 H/m
一	$V \geqslant 50\ 000$	$H \geqslant 200$
二	$10\ 000 \leqslant V < 50\ 000$	$100 \leqslant H < 200$
三	$1\ 000 \leqslant V < 10\ 000$	$60 \leqslant H < 100$
四	$100 \leqslant V < 1\ 000$	$30 \leqslant H < 60$
五	$V < 100$	$H < 30$

1.3 尾矿库设施组成

尾矿库设施示意图如图 1.12 所示。尾矿库工作系统一般由尾矿库堆存系统、尾矿库排洪系统、尾矿库回水系统组成。

尾矿库系统示意图如图 1.13 所示。

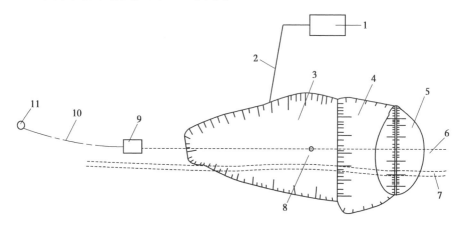

1—选矿厂;2—尾矿运输管;3—尾矿沉淀池;4—尾矿堆积坝;5—初期坝;6—排出管;

7—排渗管;8—排水井;9—水泵房;10—回水管路;11—回水池

图 1.12 尾矿库设施示意图

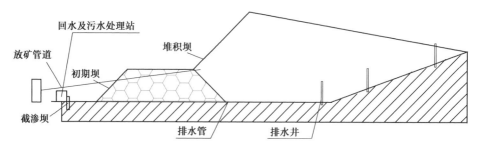

图 1.13 尾矿库系统示意图

（1）尾矿库堆存系统

尾矿库堆存系统一般由尾矿运输管,尾矿初期坝,尾矿堆积坝,浸润线观测、位移观测以及排渗设施等组成,用来储存尾矿并实施必要的安全监测。尾矿排放时,其排放工艺与尾矿堆存系统的设计紧密联系,进行尾矿堆存系统的设计时,需明确尾矿的堆存工艺、尾矿库的筑坝方法,以及等别、设计堆积高程、尾矿坝坝型、尾矿坝坝高、尾矿坝坝顶宽度、尾矿库总库容、尾矿库有效库容及排渗形式、浸润线埋深等参数。

（2）尾矿库排洪系统

尾矿库排洪系统一般包括截洪沟、溢洪道、排水井、排水道等排洪构筑物。对于一次筑坝的尾矿库,一般在坝顶一端的山坡上开挖溢洪道排洪。对于非一次筑坝的尾矿库,坝体随堆存进度而不断变化,排洪系统应靠尾矿库一侧山坡布置。尾矿库设计文件应明确尾矿库排洪系统形式、排洪构筑物的主要参数。排洪构筑物形式及尺寸应根据水力计算和调洪计算确定,满足设计流态、日常巡检维修和防洪安全要求。对特别复杂的排洪系统,应进行水工模型或模拟试验验证。尾矿、尾矿水、尾矿库岩土体、尾矿库地下水对排洪构筑物有腐蚀作用的,应对排洪构筑物采取防腐措施。

（3）尾矿库回水系统

尾矿库回水系统一般分为坝下回水和库内回水两种方式,如果尾矿库相对选厂地势较高,坝下回水方式能基本实现自流回水,通常采取坝下回水方式。库内回水方式的回水系统一般由泵站和压力输送管道组成,利用库内排洪井、排洪管将澄清水引入回水泵站,再扬至高位水池,也可直接利用泵站抽取澄清水,扬至高位水池。尾矿回水系统将尾矿浆中的澄清水回收,供选矿厂重复利用,节省用水费用,避免了水资源的浪费。其回水率的确定既受尾矿库水文地质、气象条件和回水方式的制约,又同时受尾矿坝的位置以及尾矿库库内水位高度的影响。《尾矿库安全规程》(GB 39496—2020)要求,尾矿坝坝址选择应以避免不良工程地质和水文地质条件为原则,结合尾矿库回水、防洪及堆积坝填筑等因素综合确定;在满足防洪安全、回水水质和水量要求的前提下,尽量降低尾矿库的库内水位。

1.4 尾矿库溃坝灾害及防范措施概述

尾矿库溃坝灾害突发性强、流量大、破坏力巨大,易造成人员伤亡、财产损失与难以修复的环境污染。据不完全统计,1975—2000 年,世界范围内约 75% 的矿山重大环境事故与尾矿库有关;Azam S 等人分析了 1910—2010 年全球 18 401 座矿山尾矿库安全情况,结果显示其溃坝事故率高达 1.2%,比世界大坝协会公布的蓄水坝 0.01% 的溃坝事故率高出至少 2 个数量级。近些年随着施工工艺与监管水平的进步,尾矿库事故发生率呈降低态势,但重大事故发生频次却不减反增。1910—2010 年,55% 的尾矿库重大溃坝事故发生在 1990 年以后,并且 2000 年之后的溃坝事故中 74% 属于重大或特别重大事故。此外,气候变化引发的极端天气现象愈发频繁,强降水及洪水灾害频发、暴雨极值不断刷新,超出了部分尾矿库原有的防洪设计标准,为尾矿库灾害防控带来了新的挑战。

2020 年 7 月 2 日,缅甸克钦邦帕敢镇翡翠开采区域一处约 76 m 高的尾矿渣堆因暴雨溃坝,造成多名工人被埋,酿成至少 174 人丧生,54 人受伤的后果;2019 年 1 月 25 日,巴西 Brumadinho 地区 Córrego do Feijão 矿区 1 号尾矿坝因堆积坡度过陡、库内水位过高等原因诱发溃坝事故,泄漏 1 200 万 m³ 尾矿,溃决尾矿泥流摧毁下游矿区装载站、办公区、铁路支线桥梁,并向下游运移流动约 7 km,造成 259 人死亡、11 人失踪与严重环境污染;2015 年 11 月 5 日,巴西 Samarco 铁矿尾矿库因小型地震触发本身已接近饱和的超高坝体液化溃决,约 3 200 万 m³ 泥砂涌出,淹没下游 5 km 外 Bento Rodrigues 村庄 158 座房屋,造成至少 19 人遇难,污染约 600 km 河流并汇入大西洋,引发巴西史上最严重的环境灾害,其所有者淡水河谷公司与必和必拓公司面临巨额罚款,陷入诉讼泥潭;2014 年 8 月 4 日,加拿大 Mount Polley 金铜矿尾矿坝由于坝基设计未考虑下覆冰层导致坝基失稳溃坝,约 2 500 万 m³ 尾矿及废水瞬间倾出冲入周边森林与湖泊,破坏性巨大的泥流将下游 Hazeltine 河的宽度由 1 m 冲刷到 45 m,周边生态环境遭到严重破坏,引起加拿大政府与民众的高度关注;2009 年 8 月 29 日,俄罗斯 Karamken 尾矿库因强降雨引发溃坝事故,向下游倾泻 100 万 m³ 泥砂,摧毁 11 座房屋并造成至少 1 人死亡;2008 年 9 月 8 日,我国山西省襄汾县新塔矿区 980 平硐尾矿库因违规运营发生特别重大溃坝事故,泄漏尾矿约 26.8 万 m³,淹没下游仅 50m 外的办公楼、农贸市场、居民区等人群密集区,酿成至少 277 死、33 伤的惨重后果,给当地经济发展和社会稳定造成极其恶劣的影响。

上述事故的发生及其酿成的惨痛后果,暴露出当前尾矿库溃坝灾害防控体系的薄弱。尾矿库灾害风险预警机制及应急管理体系尚不健全,无法向应急预案制定、下游重要设施防减灾、人员疏散路径等提供科学合理的理论判据。随着尾矿库堆存条件越来越复杂,以及世界各国对尾矿库安全的持续高度关注,日常运营管理作为保障尾矿库安全运行的关键环节,其重要性逐渐凸显出来。国外学者认为尾矿库全生命周期管理的行业基准应当是“安全、稳定、经济地贮存尾矿废弃物,且在运营闭库之后,公众健康和安全风险可忽略不计,对社会和环境产生影响在可接受范围内”。

21 世纪以来,矿产资源开发持续向机械化、规模化、集约化方向发展,为满足废弃物巨大的排放量需求,尾矿库设计堆积高度、库容持续升高,而尾矿坝堆存筑坝周期缩短,由于可避免的技术设计缺陷或人为管理疏漏,尾矿库重大溃坝事故仍在不断发生,亟须进一步深入系统开展尾矿库溃坝灾害风险及其防控方法的研究。

本书在收集矿产行业与尾矿废弃物利用统计数据基础上,分析我国尾矿库的安全态势,并从尾矿库安全监测、溃坝灾害预警研究、溃坝灾害影响预评估方法等方面系统地梳理尾矿库安全管理的国内外最新研究进展。

1.4.1 我国尾矿库安全态势分析

据《矿产资源节约与综合利用报告（2021）》，我国尾矿废弃物年排放规模长期维持在 12 亿 t 以上体量，"十三五"时期尾矿年均排放量为 14.08 亿 t，2020 年排放量达到 12.95 亿 t。受益于环保政策良性引导与矿山充填比例升高等有利因素，尾矿综合利用率呈现向好态势发展，"十三五"时期尾矿综合利用率平均为 27.6%。然而每年仍有近 70% 的尾矿无法被利用、被排放至各类堆存设施，加之已有尾矿库堆存体量庞大，我国尾矿堆积体量在世界范围内位居前列。

我国现存尾矿库约 7 800 座，尾矿库数量居前 10 位的省份分别为河北、辽宁、云南、湖南、河南、内蒙古、江西、山西、陕西、甘肃，约占总数的 75%；其中包括 1 112 座"头顶库"（指尾矿坝坝脚下游 1 km 范围内有居民区、工矿企业、集贸市场等人员密集场所，或有二级及以上公路、铁路等生产生活设施的尾矿库），数量排前 10 位的省份分别为湖南、河北、河南、辽宁、云南、江西、湖北、甘肃、山西、山东，约占总数的 73.9%，涉及下游居民 40 余万，极易酿成重特大事故。此外，因资金投入与重视程度不够，中小型尾矿库灾害防控基础通常更加薄弱。对全球 18 401 座尾矿库进行统计得出，约 80% 的事故出现在坝高不足 30 m 的小型尾矿库，尤其是稳定性较差的上游式筑坝尾矿库。而我国 75% 以上尾矿坝采用上游式筑坝工艺，中小型尾矿库基数庞大，坝高小于 60 m 的四等、五等库占 85%。

综上所述，我国尾矿排放规模长期居高，尾矿库数量多，千余座"头顶库"溃灾潜在危害巨大，基数庞大的中小型尾矿库风险防控基础薄弱，尾矿库安全形势严峻且复杂。2022 年 4 月，国务院安全生产委员会印发《"十四五"国家安全生产规划》，在遏制非煤矿山重特大事故中要求实行尾矿库总量控制，深化尾矿库"头顶库"综合治理和无生产经营主体尾矿库、停用 3 年以上尾矿库闭库治理，重点关注非煤矿山尾矿库溃坝、边坡坍塌等重大灾害发生机理及预测预报和防治，以及尾矿库空天地一体化实时智能监测预警等安全生产科技创新优先领域,优先发展信息化、智能化、无人化的安全生产风险监测预警装备,着力破解重大安全风险的超前预测、动态监测、主动预警等关键技术瓶颈。

1.4.2　尾矿库安全监测技术研究现状

安全监测是尾矿库安全管理的耳目,库区健康运营、事故预防及应急响应均离不开及时、准确的监测信息。因此,安全监测技术在国内外尾矿库管理与灾害防治中均占据重要地位。本节在搜集、归纳国内外文献资料的基础上,梳理、分析尾矿库安全监测技术的研究现状,为尾矿库溃坝灾害防范措施的研究提供参考。

（1）安全监测国外研究现状

国外尾矿库设计规定的监测内容主要包括位移、渗流、坝基稳定性等坝体安全指标,以及扬尘、地表水、地下水等环境指标,常用仪器有压力计、测斜仪、沉降计、水位计、雨量计等,而相关研究报道多见于环境污染的监测。安全监测方面,加拿大黄金公司为保障不列颠哥伦比亚省一处已闭库、缺乏人员看管的银矿尾矿库安全,引进了由太阳能供电、数据收集、无线传输、自动测量、气象站、图像采集等模块集合而成的 Trimble 4D 智能化自动监测系统,包含最优化布置的水位、孔隙水压力、位移等传感器,保证监测信息实时汇总至管理人员;Vanden Berghe 等人的研究指出合格的监测方案除水位、坝体位移等参数外,还应涉及基于实时监测数据的坝体稳定性评估、潜在溃坝形式特点及其关键监测参数体现、预警等级划分及其相应对策;Zandarín 等人认为毛细现象对坝体稳定性至关重要,建议在安全监测中新增毛细水位测量指标。

在安全监测新技术的研究与应用方面,Coulibaly 等人使用电阻率成像仪探测了加拿大 Westwood 与瑞典南部 Enemossen 尾矿坝内部含水饱和度、裂缝及变形情况,展现出地球物理方法在尾矿坝监测中的应用前景;Colombo 和 MacDonald 尝试使用干涉合成孔径雷达(InSAR)技术监测非洲两座露天矿地貌演化与尾矿坝变形,以及波兰某煤矿地下开采引起的地表沉降,并取得了理想的效果;Palmer指出大型滑坡事故在产生致命破坏之前通常可观测到数月或数年的缓速蠕变,卫星遥感可在地质灾害防控方面发挥重要作用,譬如欧洲航天局于2017年3月部署完成的两颗"哨兵2号"卫星可实现每间隔5天对同一区域的遥感监测;Schmidt B等人通过处理卫星数据提取地形图和航摄影像,监测墨西哥某长达11 km的尾矿坝,克服了传统测量方法劳动强度大、危险性高等缺点,为库区建设与运营提供了宝贵的参考资料;Emel J等人探索使用航天飞机雷达、星载热辐射和反射辐射计获取数字高程模型,研究坦桑尼亚Geita金矿尾矿库周边2000—2006年的地形地貌和水文演变特征;Minacapilli M等人、Zwissler B等人指出利用红外热惯量和热红外图像遥感监测土壤或尾矿中水分时空分布规律具有巨大的应用潜力。

(2)安全监测国内研究现状

在监管部门与矿山企业的共同积极推动下,我国尾矿库安全监测系统建设普及率大幅提高,近十年尾矿库安全事故发生率得到较好的控制。根据现行《尾矿库安全监测技术规范》(AQ 2030—2010)与《尾矿库在线安全监测系统工程技术规范》(GB 51108—2015)要求,尾矿库安全监测需与人工巡查、库区安全检查结合并进行比测,规定需监测坝体位移、渗流、干滩、库水位,四等库及以上还需监测降水量,另酌情监测孔隙水压力、渗透水量、浑浊度,三等库及以上需安装在线监测系统。坝体位移监测包括坝体和岸坡的表面位移、内部位移,表面位移常借助智能全站仪、GNSS接收机等仪器,内部位移多使用沉降计、测斜仪测量;渗流监测内容包括浸润线、渗流压力、渗流量及浑浊度,常借助测压管或渗压计监测坝体浸润线,孔隙水压力计测量渗流压力,容积法、量水堰法或流速法监测渗流量,电子浊度仪度量浑浊度;干滩监测内容包括滩顶高程、安全超高、干滩长度及坡度,干滩长度常借助标尺、图像识别、激光测角测距等方法;使用物位计、水位计或者视频监测库水位,雨量计监测降水量。此外还规定安装高清摄像机监测尾矿坝、排水系统、库区及周边安全情况。在线监测系统将实时监测信息汇总到监测站,实现数据自动采集、传输、存储与分析处理、综合预警。

《尾矿库安全规程》(GB 39496—2020)要求,尾矿库应设置人工安全监测和在线安全监测相结合的安全监测设施,人工安全监测与在线安全监测监测点应相同或接近,并应采用相同的基准值。监测设施横剖面应结合尾矿坝稳定计算断面布置,监测设施的布置还应全面反映尾矿库的运行状态,尾矿坝位移监测点的布置应根据稳定计算结果延伸到坝脚以外的一定范围,坝肩及基岩断层、坝内埋管处必要时应加设监测设施。湿式尾矿库监测项目应包括坝体位移,浸润线,干滩长度及坡度,降水量,库水位,库区地质滑坡体位移及坝体、排洪系统进出口等重要部位的视频监控;干式尾矿库监测项目应包括坝体位移,最大坝体剖面的浸润线,降水量,以及坝体、排洪系统进出口等重要部位的视频监控;三等及三等以上湿式尾矿库必要时还应监测孔隙水压力、渗透水量及浑浊度。尾矿库在线安全监测系统应具备自动巡测、应答式测量功能,应具备传感器和采集设备、供电系统、通信网络故障自诊断功能,应具备防雷及抗干扰功能,应具备数据后台处理、数据库管理、数据备份、预警、监测图形及报表制作、监测信息查询及发布功能,应具备现场巡查、人工安全监测接口,进行数据补测、比测和记录。

国内学者围绕上述监测内容工程实践中所遇到的问题开展了大量研究。针对浸润线观测准确度低的问题,李晓新等人设计了基于高密度电阻率法的监测方案;李强等人建立了尾矿库浸润线的理论模型,采用能量方程和达西渗透定律推导了尾矿库浸润线的微分方程,并探讨了尾矿各向异性、尾矿库地质分层和底坡地形等复杂因素下解析解在尾矿库浸润线求解的适应性。为解决系统稳定性差的难题,陈凯等人研究了监测系统防护、封装、分布式供电、混合式Mesh网络通信等技术,以保障极端气象条件下的数据稳定获取;余乐文等人设计了风光互补冗余供电系统,保障监测数据的连续采集。关于尾矿库安全监测的发展趋势,于广明等人认为系统组成应根据设计级别、筑坝方式、地质条件、地理环境等因素具体制定,力求做到理论与实践结合、监测内容全面、测点布置科学、信息终端可视及数据分类存储共享等目标;李青石等人指出我国尾矿库安全监测存在成本高、适用性与稳定性差等缺陷,并探讨了基于视频可视化与多通道微震系统的全天候监测方法的可行性,同时指出弹性波传播衰减速度快与信号不易采集的难题。

尾矿库安全监测遥感技术应用在我国同样是研究热点。马国超等人为提高尾矿库安全监测效率,提出高分遥感与地表三维激光扫描相结合的"天地一体化"监测模式;高永志等人通过高分辨率遥感影像与 GIS 软件识别分析黑龙江省内重点矿集区尾矿库的分布情况,为尾矿库普查与监管提供依据。近十年来,无人机遥感技术受益于技术成熟和产品商业化,续航能力、极端条件航行、路径导航、建模算法、模型精度等难题在一定程度上得到解决,应用于古迹维护、环境保护、地质灾害调查、地图测绘、精准农业等领域并取得了理想的效果。刘军等人探索使用无人机搭载数码相机获取露天矿边坡区域高分辨率图像数据,通过影像三维重建制作边坡精细三维模型,进而分析掌控边坡区域稳定性;马国超等人通过统一控制点坐标系,实现三维激光扫描与无人机倾斜摄影技术相结合的三维数据完整采集,并在露天采场开展应用研究;王海龙将摄影测量技术应用于露天矿山土石方量计算中,为生产计划提供数据支持;王昆列举无人机遥感技术在露天矿生产管理、尾矿库安全监测、灾害应急救援、矿区环境监测、边坡灾害防治等矿业领域的应用场景,所搭载的传感器类型包括普通光学相机、热红外相机、激光 Lidar 扫描仪等,指出该技术可用于尾矿库库容坝高、沉降位移、干滩区域、尾矿温湿度等快速监测。

相较于国外,我国拥有更加严格的尾矿库安全监测规定,为解决监测系统稳定性差、精度低等具体实践问题开展了一系列研究,但仍然主要集中于理论研究,在实践应用方面相对欠缺。受制于无人机遥感技术测量精度与技术门槛,该技术当前难以完全取代传统的监测方法,仅可作为尾矿库在线监测系统的有力补充。可预见随着高分辨率遥感、无人机、摄影测量等理论算法与技术装备的进步革新,上述新型监测方法的大规模应用推广将成为可能。

1.4.3 尾矿库溃坝灾害影响预评估研究现状

(1)尾矿库溃坝灾害影响预评估国内外现状

尾矿库溃坝灾害影响预评估,即事故不幸发生后对下游冲击区域(如厂房、公路、居民区等重要设施)的危害程度,是科学划分尾矿库危险程度等级、指导制定合理防范措施与应急准备的重要依据。《尾矿库安全规程》(GB 39496—2020)规定,生产经营单位应建立健全尾矿库生产安全事故应急管理制度,充分考虑溃坝、漫顶等因素,制定包括尾矿库风险描述、应急救援预案体系等内容的应急救援预案,并定期进行应急救援预案评估。尾矿库溃坝泥流运移演进规律能够为应急措施的制定与持续改进提供直接依据,尤其是对我国大量存在的高危害性"头顶库"难题,溃坝泥流运移演进规律及灾害影响预评估的研究意义重大。为此,我国学者采用理论分析、相似模拟试验、数值仿真等方法深入研究分析了尾矿库溃坝泥流演进规律及其可能的致灾后果,为应急措施的制定与完善提供了科学依据。

国外学者对滑坡、泥石流等自然灾害影响评估方法的研究成果有一定的参考价值。目前岩土工程研究手段主要包括理论分析、数值模拟、现场试验与物理相似模拟试验。就尾矿库这一研究对象而言,由于溃坝泥浆破坏性巨大,一旦触发不易控制,且具备个体独立性,现场重复试验几乎不可能实现。多数情况下,尾矿库溃坝灾害影响预评估的研究具有一定的超前性,例如在规划选址时期论证设计方案可能引发的灾害风险及其可行性,因此现场试验无法满足此类研究的需求。而采用理论分析此类问题时,需以理想化的初始条件与边界条件假设为前提,结果的可信度缺少充分的实际案例验证。相比之下,物理相似模拟与数值模拟具有高效率、低成本、条件设置灵活、可重复等优势,在滑坡、泥石流、溃坝等强破坏性自然灾害研究中占据不可替代的地位。

尾矿库溃坝灾害影响预评估研究是涉及土力学、水力学、流体力学等多学科交叉的复杂议题,且尾矿库溃坝泥流具有复杂的流变特性、大规模变形量与独特的下游地形,为溃灾风险预评估的研究带来了巨大的挑战。陈祖煜指出,尾矿库溃坝概率远大于水利工程,亟须研发灾害预报与防控理论技术,为防灾、减灾提供科学依据;杨春和认为,尾矿坝安全属于交叉学科,当前溃坝演化过程仿真、灾害应急处置及防治措施缺乏基础理论支撑;郑欣等人使用流体计算软件模拟了溃坝砂流演进过程,得出淹没范围、时间、流速等参数,据此估算出灾害生命损失,但研究存在大量假设条件且未考虑下游地形,为结果带来了较多不确定性;刘洋等人通过数值模拟对比验证 2009 年河北省某尾矿库溃坝事故案例中泥石流演进过程,总结出淹没范围、速度、厚度随时间的变化规律,并模拟证明拦挡导流坝防护效果显著;阮修德通过 FLO-2D 软件模拟下泄流砂运动并通过 3DMine 反演得到下泄流砂的淹没范围并进行风险评判;刘磊根据漫顶溃坝机理与水利溃坝模型,引入非平衡输沙理论及河流动力学输沙公式计算溃口冲蚀变化,并利用模型试验进行验证。

然而,常规基于网格的数值模拟方法诸如有限差分法(Finite Difference Method, FDM)与有限元法(Finite Element Method, FEM)在求解大变形及带有自由面的流体问题时常常因网格缠绕、扭曲与畸变而导致结果失真。基于光滑粒子动力学(Smoothed Particle Hydrodynamics, SPH)的无网格方法在地质灾害领域得到了广泛应用,例如,Huang 等人利用 SPH 方法分析了汶川地震诱发的滑坡体下泄,与实际观测结果比对得到了较好的一致性;Vacondio 等人将 SPH 方法应用到滑坡体引发洪水的演进行为模拟,结果显示最大淹没范围与深度均与实测数据基本吻合。在上述研究中,如何对数值模拟结果开展实例验证是必不可少的重点及难点部分,多数学者采用数值模拟还原已发生事故的方法,但由于世界各地尾矿库溃坝事故调查及其信息披露机制的差异,仍存在研究数据短缺的问题。

实验室物理相似模拟试验是探寻溃坝演进规律及其溃灾后果评估的另一

种常用手段。张力霆等人堆建 10 m×8 m×3 m 尺寸尾矿坝模型模拟排渗系统失效导致浸润线持续升高的溃坝致灾条件,分为坝面张拉开裂、流土及局部垮塌、大范围崩塌滑坡三个阶段描述溃决破坏过程;张兴凯等人利用雷达干涉仪、高速摄像机、流速仪等仪器观测 4 m×0.4 m×0.2 m 尺寸尾矿坝模型洪水漫顶溃决过程,揭示溃坝滑移特征与坝体饱和度的关系;尹光志等人以云南某尾矿库设计资料为依据,对不同高度尾矿坝瞬间全溃后的泥浆演进规律及动力特性进行研究,结果表明溃决泥流淹没高程、冲击强度、运移速度均与坝高有关,冲击强度峰值在泥深峰值之前出现;敬小非等人研制尾矿库溃决泥流沟槽试验台,分别研究溃口宽度、坝体高度、尾砂粒径与泥流流速、冲击强度、淹没深度的关联规律;Souza Jr 等人通过模型试验研究尾砂含水量、溃口坡度、溃口形态等因素与砂流释放过程的关联规律;马海涛等人梳理总结溃灾机理、泥流运移、坝体稳定性分析三类模型试验研究进展,指出需进一步化解缩尺效应及边界效应误差、增加细微观尺度观测并结合典型案例比对验证;曹帅以某变坝坡赤泥库及下游沟道为整体研究对象,堆筑大尺寸物理模型,通过试验观察,认为变坝坡赤泥尾矿坝由于坝坡影响,整体漫坝侵蚀过程趋于平缓,洪峰前段、洪峰段、洪峰后段侵蚀效果接近,流量较为接近,由于变坝坡坡度的变化,尾矿浆有淤积分区现象;孔祥云结合降雨模拟尾矿库漫顶溃坝,在漫顶过程中,监测到坝体在漫顶后发生较为明显的沉降和水平位移等现象,其中,漫坝溃口处沉降位移较大,下泄尾矿浆到达一定距离后会出现粒径分级现象,水平位移主要发生于坝体中下部和坝脚处,但没有对水位上升过程中的坝体变化进行探究。胡利民等人利用堆筑的大尺寸模型试验,结合实际地形分析了尾矿漫顶溃坝后尾矿浆下游村庄等设施淹没情况。Wu 在有无防护措施条件下进行漫顶溃坝试验,结果表明在下游坝体添加粗颗粒的防护措施明显减小了漫顶溃坝规模、流量、流速、下游淹没面积和尾矿沉降量,减轻了溃坝破坏程度。综上所述,大尺寸物理模型主要针对个别尾矿库实际情况进行漫顶过程模拟,一般用于单一尾矿库的漫顶后果预测分析,从而进行合理的风险判定以及应急疏散,具有较强的实际意义,但其尾矿库模型模拟不具有通用性,且经济性较差,试验准备周期长,模型堆筑困难,且缺乏对大模型堆筑的统一方法。小尺寸模型则具有良好的经济性,主要方便进行不同因素影响下的小型漫顶溃坝试验,观测漫顶溃坝坝体破坏模式,探究不同因素下的尾矿库漫顶溃坝演化规律,其中影响因素包括尾矿材料、坝体结构、洪水流量等。

(2)尾矿库溃坝应急准备国内外现状

根据 *Nature* 杂志研究报道,突发性事件中人群恐慌逃逸时易出现从众、盲目、无组织的"羊群行为",应急预案将在救援疏散、次生灾害防治等方面发挥事半功倍的效果,将伤亡损失降到最低。2019 年巴西 Feijão 矿区 1 号尾矿坝事故震惊世界,*Science* 杂志有观点认为安全管理不善是酿成严重后果的主要原因,国外学者使用生命损失模型分析事故过程,指出若溃灾发生时刻传达警报并采取合理的应急处置措施,将挽救 100 ~ 150 条生命。

国内外监管机构对尾矿库灾害应急准备均有明确规定。例如,澳大利亚维多利亚州规定应急预案要根据事故最坏情形来制定,必须包括受灾体特征评估、疏散程序、人员培训方案等细节;加拿大最新版尾矿设施管理规范明确规定应急预案应覆盖建设初期、运营及闭库的全生命周期,并应与灾害可能涉及的其他单位或社群建立协同机制;加拿大大坝协会(Canadian Dam Association,CDA)2015 年应急管理研讨会报告指出,尾矿坝应急响应预案不可忽视环境危害的防治,且需随着库区运营阶段及时更新升级,应急演练必须全员参与,同时还将开设线上论坛为会员企业共享应急管理经验及资料;加拿大矿业协会(Mining Association of Canada,MAC)总结 Mount Polley 事故教训,建议应急措施计划及救援物资预备需要根据溃坝发生后可能波及的范围来具体制定;国际大坝协会关于尾矿坝安全的报告强调,应从生命安全、自然环境、经济损失、社会影响四个方面预测评估溃灾的潜在影响。国际矿业与金属理事会(International Council on Mining & Metals,ICMM)2016 年底发布尾矿库灾害防控立场声明,颁布安全管理一系列改进举措,其中提及应急预案需要包含触发条件、响应计划、机构职责、通信方式、演练周期、应急物资保障与可行性分析等。

我国严格落实尾矿库应急管理主体责任,要求生产经营单位建立健全尾矿库生产安全事故应急工作责任制和应急管理规章制度,制定应急救援预案,并及时发放到尾矿库各部门、岗位和应急救援队伍。编制应急救援预案时应考虑尾矿坝溃坝,坝坡深层滑动,洪水漫顶,水位超警戒线,排洪设施损毁,排洪系统堵塞,发生暴雨、山洪、泥石流、山体滑坡、地震等灾害因素。应急救援预案内容应包括应急机构的组成和职责,应急救援预案体系,尾矿库风险描述,预警及信息报告,应急响应与应急通信保障,抢险救援的人员、资金、物资准备、应急救援预案管理。生产经营单位每年汛前应至少进行一次应急救援演练,设置尾矿库应急物资库,储备满足预案要求的应急救援器材、设备和物资,并定期进行检查、维保及更新补充。尾矿库发生险情或事故后,生产经营单位应立即启动应急救援预案,科学组织抢险救援。

溃坝灾害影响预评估研究能够为应急措施制定提供直接依据,国内外监管机构均高度重视尾矿库这一重大危险源的应急准备工作,并具体规定了应急预案、物资准备、撤离疏散及日常演练等基本内容。

1.4.4 尾矿库溃坝灾害预警研究现状

尾矿坝溃决泥流下泄是时间极其短的过程,大量溃坝事故案例表明,若灾害发生后才开展下游人群疏散工作是完全来不及的,溃坝灾害应急准备产生的效果有限,往往造成重大损失。灾害在各个孕育阶段会呈现不同形式的征兆,溃坝灾害预测预警方法的研究对尾矿库尤其是"头顶库"隐患治理与灾害防控具有重要意义。

(1)尾矿库溃坝灾害预警国外研究现状

国外针对尾矿库溃坝灾害预警的研究较为少见,而地质灾害领域的研究具有一定的借鉴意义。Azzam 等人通过太阳能供电网关连接测量传感器与通信处理单元节点，建立具有自组织、自愈能力的无线传感网络，构建了建筑物、滑坡山体、水坝、尾矿库及桥梁等的实时监测预警平台；Peters 等人使用多个传感网络节点监测法国南部山体孔隙水压力、倾斜度及温度等参数，耦合水动力学模型实现了滑坡灾害的实时预警；Intrieri 等人将意大利中部某滑坡体划分为普通、警惕与报警三个危险级别，其中警惕级别由预设阈值触发，报警级别基于专家评估法预测确定，另通过数据冗余与均值处理减少错误警报；Capparelli 等人深入系统分析滑坡与降雨量的关系，建立了降雨因素诱发滑坡的预警经验模型；Intrieri 等人概述了滑坡预警系统组成及其实践准则，指出预警敏感度与准确率互相矛盾，误报警无法完全避免，强调预警机制必须以人为本，培养强化人员应急能力；Krzhizhanovskaya 等人提出了传感器网络与溃坝模拟相结合的洪水预警决策支持系统，并利用人工智能及可视化技术保障该系统的稳定运行；Zare 等人尝试运用多层神经网络与径向基网络两种人工神经网络方法分析预测山体滑坡，以期实现更为科学有效的灾害风险评估。

（2）尾矿库溃坝灾害预警国内研究现状

《尾矿库安全规程》（GB 39496—2020）要求，尾矿库安全监测预警应由低级到高级分为蓝色预警、黄色预警、橙色预警、红色预警四个等级，设计单位应给出各监测项目的各级预警阈值。尾矿库安全状况预警应由尾矿库安全监测项目的最高预警等级确定。国内学者在灾害预警平台开发、指标选取、算法优化等方面做了大量研究。黄磊等人设计搭建了基于空间信息网络访问模型的尾矿库监测预警平台，并成功应用于洛阳市某五座尾矿库，但存在数据处理算法过于简单及预警模型准确率低等问题；王刚毅等人运用信息融合技术实现尾矿库多指标预警体系，系统由数据综合管理、实时评估、监控中心与预报预警四个模块构成，与实时气象信息融合，超前诊断尾矿库在极端条件下的运行状态；Dong 等人利用物联网与云计算技术构建了基于实时监测与数值仿真的尾矿库灾害预警评估平台，根据监测数据及仿真计算结果划分预警级别。在预警指标选取方面,王晓航等人选用洪水危险性、承灾体易损性和工程防御能力作为参数,基于 GIS 平台与线性加权模型,构建蓄水坝溃坝生命损失预警综合评价模型;何学秋等人试验得出尾矿坝变形包括衰减、稳定、加速三个阶段,基于流变-突变理论,预警准则应根据各阶段特征分别制定;谢旭阳等人选取地形坡度、地质构造、降雨量、采矿活动、下游状况等 9 个指标建立了尾矿库区域预警指标体系。在预测算法优化方面,王英博等人构建了和声搜索算法与修正型果蝇算法优化的神经网络安全评价模型,选用滩顶高度、库水位、浸润线、干滩高度和安全超高五种指标实例验证,显示出较高的预测精度;李娟等人利用支持向量机预测尾矿库浸润线高度,实现了小样本情况下的高精度预测;Dong 等人建立了区间非概率可靠度模型,验证可适用于数据不连续时尾矿坝稳定性评价;为克服监测信息的非线性与非对称性引起的误差,王肖霞等人提出并验证了基于柔性相似度量和可能性歪度的风险评估方法。

国外学者围绕地质灾害领域,国内学者聚焦尾矿库安全,在预警平台构建、指标选取、算法优化等方面均开展了卓有成效的研究,其中不乏无线传感网络、云技术、水力学模型、大数据、人工智能等前沿理论方法,力求进一步提升灾害预警的准确率、实用性与智能化。

1.4.5　尾矿库溃灾防范措施国内外现状

（1）尾矿库溃灾防范措施国外现状

科学合理的安全管理方法与灾害防范措施是尾矿库安全运营的基本保障。Schoenberger 深入研究分析了巴布亚新几内亚 Ok Tedi 与加拿大 Mount Polley 两起重大溃坝事故深层次原因,并列举了美国 McLaughlin 尾矿库长达 20 年的无安全或环境事故的成功管理案例,揭示溃坝事故频频发生的症结在于矿山安全管理方法缺陷或执行不力,而绝非工程技术层面的瓶颈。

美国、加拿大、澳大利亚等国在尾矿库安全管理方面积累了丰富的经验。

加拿大作为世界上矿山事故率最低的国家之一,由大坝协会 CDA 与矿业协会 MAC 共同制定了非常完善的尾矿库安全管理框架。CDA 于 2014 年出版技术报告,详细诠释了大坝安全相关概念及技术规范在尾矿坝领域的适用性,并做了必要补充;MAC 发布了《OMS 手册指南》,即 OMS 手册(*Operation, Maintenance and Surveillance Manual*)的制定规范,矿山企业在设计阶段须在该手册规定的框架内独立编写相应的操作手册,从而构成完整的企业安全管理体系,督促企业维护职工及公众权益、遵守政府法规与集团政策、尽职尽责开展安全管理并在实践中持续改进;同时 MAC 还发布了《尾矿设施管理指导》(*The Tailings Guide*),附有详细的安全检查清单,旨在明确安全与环保主体责任,帮助企业建立安全管理体系、健全库区建设工程管理准则;在 Mount Polley 事故后,MAC 公布报告,探讨反思在可持续矿业(Towards Sustainable Mining,TSM)协议框架下的管理规范可否防止该溃坝事故的发生,并总结提出修改完善《尾矿设施管理指导》及《OMS 手册指南》,增添设计运营各环节独立审查流程、最优技术方案评估遴选准则、加强已闭库尾矿库管理、共享成熟管理案例经验、整改低等级库工作计划等 29 条具体建议;事故发生地不列颠哥伦比亚省于 2016 年 7 月更新矿业标准,规定尾矿库需新增设具有从业资质且无利益相关的资料记录工程师(Engineer of Record,EOR),在库区易主或其他变更发生时保证数据、报告、安全记录等资料档案的完整且准确交接。

澳大利亚的大坝委员会(Australian National Committee on Large Dams,ANCOLD)成员矿业公司在尾矿库安全管理方面积累了大量的成功实践案例,ANCOLD 标准虽未对管理体系做出详细规定,但在技术指标方面比 CDA 更加严格,高度重视尾矿坝的安全监测,以揭示坝体堆积过程中结构及其稳定性的演变规律,并及时做出有效调整;维多利亚州对尾矿库安全管理全生命周期内的设计阶段选址、渗流、污水处置、氰化物管理与闭库规划,建设阶段行政审批与资料管理,运营阶段组织结构、尾矿输送与坝体堆积方式、安全环保监测以及资料存档,闭库阶段覆盖材料、地貌恢复、复垦方案及进度计划,闭库后的防洪、渗流与腐蚀防控、复垦状态及水质监测均做出了详细要求,并附上了各环节工作流程图与检查清单。

美国 SANS 研究所颁布的标准同样拥有大量尾矿库安全管理成功案例,区别在于 SANS 标准未详细规定管理体系职位及其责任划分,将权力下放增强企业自主决定权,量身裁衣提高管理效率;欧盟委员会于 2009 年发布了尾矿管理最佳可行技术(Best Available Techniques,BAT)的指导文件,明确了最小化尾矿排放量、最大化综合利用量、风险评估管理、潜在灾害应急准备、减少污染物泄漏的基本原则,并且对尾矿库从设计到闭库的全生命周期安全管理内容做出详细规定:设计选址阶段要求论证闭库后长远影响、生态环境保护、人文社会与区域经济背景、风险评估与应急准备计划、安全监测方案、粉尘防治等问题;建设阶段需重视施工方案、图纸资料归类、专家监理等;运营阶段的规定包括实时监控、监测数据与尾矿排放日志维护、日常安全巡查、操作流程规范、事故责任界定、应急预案维护、安全状态独立审查等;闭库及闭库后阶段的规定包括基础设施维护、极端事件(地震、洪水、台风)应急、土壤与水污染防治、水冲冰冻风化腐蚀、土地恢复等。国际大坝协会(International Commission on Large Dams,ICOLD)分析了大量事故案例,总结出尾矿库溃坝事故预防的四个关键点:建设初期质量控制、排洪设施有效维护、操作技术规范掌握,以及管理责任明确落实。

据 1915—2016 年发生的尾矿库溃坝事故原因统计,除 52 起事故因时间久远缺乏有效记录原因未知外,有 44 起事故是因强降雨引发洪水漫顶溢流侵蚀尾砂堆筑成的坝体;30 起事故是因静态恒定载荷引起坝体边坡过度位移而产生失稳,此类事故常因浸润线过高诱发;27 起事故是因所在地区发生超过设计承受能力的大型地震剧烈晃动而导致尾砂液化引发溃坝;17 起事故原因归纳为内部液体渗流导致坝体内部侵蚀,浸润线过高,原本应保持干燥的区域被液体淹没;16 起事故原因归结为设计缺陷或设计结构应有功能失效,例如排洪系统破坏、隧洞堵塞等;15 起事故是因坝体基底失效或基质岩层调查不足引起,脆弱的基底无法为坝体自重提供足够的支撑,例如 2014 年加拿大不列颠哥伦比亚省的 Mount Polley 溃坝事故,经调查是由设计时未考虑下覆冰层而引起;此外还有 7 起事故是因降雨、地表径流等外部侵蚀破坏坝体引起,1 起事故是因地下采空区沉陷引起。

（2）尾矿库溃灾防范措施国内现状

我国尾矿库安全由国家及地方安全生产监督管理部门管理,各省市根据需要在国家法律法规及行业标准的基础上颁布地方性法规与规范,尾矿库经营单位制定规章制度与操作规程,形成自上而下的法律法规及标准规范体系,表 1.2 列举了我国部分尾矿库管理技术规范。

表 1.2　我国部分尾矿库管理技术规范

序号	发布机构	标准名称	实施日期
1	生态环境部办公厅	尾矿库环境监管分类分级技术规程(试行)	2021/12/29
2	国家市场监督管理总局、国家标准化管理委员会	尾矿库安全规程	2021/9/1
3	黑龙江省应急管理厅	尾矿库冬季冰下放矿安全生产工作提示	2020/10/24
4	应急管理部	尾矿库安全管理规定(修订草案征求意见稿)	2019/12/23
5	国家安全生产监督管理总局(现应急管理部)	金属非金属矿山安全标准化规范尾矿库实施指南	2017/3/1
6	河南省质量技术监督局	尾矿库人工安全监测检查技术规范	2016/11/11
7	北京市质量技术监督局	尾矿库建设生产安全规范	2016/7/1
8	中华人民共和国住房和城乡建设部、中华人民共和国国家质量监督检验检疫总局(现中华人民共和国国家市场监督管理总局)	尾矿堆积坝排渗加固工程技术规范	2016/5/1

续表

序号	发布机构	标准名称	实施日期
9	中华人民共和国住房和城乡建设部、中华人民共和国国家质量监督检验检疫总局(现中华人民共和国国家市场监督管理总局)	尾矿库在线安全监测系统工程技术规范	2016/2/1
10	安徽省市场监督管理局	金属非金属矿山尾矿库安全质量评审准则	2021/10/3
11	河北省质量技术监督局	尾矿库重大危险源辨识与分级	2016/1/1
12	江西省市场监督管理局	尾矿库安全检测技术规范	2020/5/1
13	环境保护部(现生态环境部)	尾矿库环境风险评估技术导则(试行)	2015/4/1
14	河北省质量技术监督局	尾矿库生产运行作业规范	2015/3/1
15	中华人民共和国住房和城乡建设部、中华人民共和国国家质量监督检验检疫总局(现中华人民共和国国家市场监督管理总局)	尾矿设施施工及验收规范	2014/6/1
16	中华人民共和国住房和城乡建设部、中华人民共和国国家质量监督检验检疫总局(现中华人民共和国国家市场监督管理总局)	尾矿设施设计规范	2013/12/1
17	山东省质量技术监督局	金属矿山尾矿干排安全技术标准	2012/4/1
18	黑龙江省质量技术监督局	金属非金属地下矿山和尾矿库重大危险源监测预警系统建设规范	2011/5/12
19	国家安全生产监督管理总局(现应急管理部)	尾矿库安全监测技术规范	2011/5/1
20	中华人民共和国住房和城乡建设部、中华人民共和国国家质量监督检验检疫总局(现中华人民共和国国家市场监督管理总局)	尾矿堆积坝岩土工程技术规范	2010/7/1

续表

序号	发布机构	标准名称	实施日期
21	中华人民共和国住房和城乡建设部、中华人民共和国国家质量监督检验检疫总局(现中华人民共和国国家市场监督管理总局)	核工业铀水冶厂尾矿库、尾渣库安全设计规范	2010/4/1
22	辽宁省质量技术监督局	尾矿干式回采过程安全规程	2010/1/9

李全明等人围绕法规标准、生命周期管理流程、关键设计参数、施工管理、安全监测、闭库流程等方面对比了我国与加拿大尾矿库安全管理现状,提出了完善闭库与复垦法规标准,设立复垦与环保基金,根据安全性与溃坝严重性划分等级,提高防洪与安全系数设防标准等具体建议;李仲学等人运用系统分析方法,提取分类尾矿库设计、建设、运营与闭库全生命周期的风险因素,包括技术因素、外部环境、人为因素与法规标准,运用计划、实施、检查、处理循环过程的 PDCA 模式持续改进方法,构建出各环节 Safety Case 安全管理体系框架;王涛等人运用定性与定量相结合的层次分析法确定并排序尾矿库排洪、回水、输送与堆存等系统影响安全运行的因素权重,得出了排洪与调洪能力是正常运行的主导因素,为安全管理指明了侧重点;谢旭阳等人综合规模等级、服务年限、筑坝方式、排洪设施等 11 个方面分析了我国尾矿库安全现状与不足,提出了落实企业主体责任、完善内部制度规程、规范尾矿库设计及安全评价流程、加强从业人员培训等建议。

2016 年 5 月,原国家安全监管总局印发《遏制尾矿库"头顶库"重特大事故工作方案》,指出"头顶库"溃坝事故突发性强,溃坝时间短,泥砂流速大,应急时间非常短,下游居民撤离和设施转移难度大,要求以提高安全保障能力、完善应急管理机制为目标,开展全面综合治理工作。

2017 年 1 月,《安全生产"十三五"规划》提出健全监测预警应急机制、提高应急救援处置效能等工作任务,切实降低重特大事故发生频次危害后果,最大限度减少人员伤亡和财产损失。

2020 年 2 月,应急管理部等八部委联合印发《防范化解尾矿库安全风险工作方案》,要求吸取国内外尾矿库溃坝事故教训,着力提升尾矿库安全风险管控能力,有效防范化解尾矿库安全,切实保障人民群众生命财产安全和社会稳定,具体设立以下工作目标:①自 2020 年起,在保证紧缺和战略性矿产矿山正常建设开发的前提下,全国尾矿库数量原则上只减不增,不再产生新的"头顶库";②到 2022 年年底完成所有尾矿库"一库一策"安全风险管控方案编制,安全风险管控措施全面落实,尾矿库安全风险监测预警机制基本形成。在尾矿库安全风险动态评估方面,要求制定有针对性的安全风险管控措施,编制安全风险管控方案,确保尾矿库干滩长度、安全超高、调洪库容、浸润线埋深等主要参数及排洪系统始终满足设计要求;在化解"头顶库"安全风险方面,要求企业每年进行一次安全风险评估;在应急管理机制方面,要求企业切实完善溃坝、漫顶、排洪设施损毁等事故专项应急预案,建立应急警报机制与物资保障体系,定期演练、增强联动,最大程度减少人员伤亡、财产损失及环境危害。

2020 年 4 月,国务院安全生产委员会印发《全国安全生产专项整治三年行动计划》,要求严禁新建"头顶库"、总坝高超过 200 m 的尾矿库,严禁在距离长江和黄河干流岸线 3 km、重要支流岸线 1 km 范围内新(改、扩)建尾矿库;推进先进适用技术装备,新建的四等、五等尾矿库必须采用一次建坝;建立完善安全风险监测预警机制,到 2022 年 6 月底前所有尾矿库建立完善在线安全监测系统,实现对主要运行参数的在线监测和重要部位的视频监控。

2022 年 4 月,国务院安全生产委员会印发《"十四五"国家安全生产规划》,提出要加强标准体系建设,构建"排查有标可量、执法有标可依、救援有标可循"的安全生产标准化工作格局;实行尾矿库总量控制,深化尾矿库"头顶库"综合治理和无生产经营主体尾矿库,停用 3 年以上尾矿库闭库治理;推广使用非煤矿山在线监测监控预警、无人机巡查监察系统、采空区及井下冲击地压监测监控、尾矿充填、井下老空水监测监控、井下近矿体帷幕注浆等先进适用技术和装备;定期对头顶库和设计坝高超过 200 m 的尾矿库进行专家会诊检查。

综上所述,我国拥有完整的国家及地方标准规范体系,21 世纪以来,在政府监管部门的高度重视与大力推动下,尾矿库安全管理制度日益健全、规范,针对特定时期尾矿库灾害防控重点,在"头顶库"安全治理、安全监测预警、库区环境管控等方面落实卓有成效的专项行动。然而,相较于发达国家,我国对尾矿库安全管理仅局限于全生命周期的运营阶段,而对规划设计、建设、闭库及闭库后等环节的灾害防范缺乏重视。随着我国经济社会进步与安全环保标准的提高,学习借鉴国外尾矿库全生命周期管理先进理念与成熟经验,顺应"绿色矿山"发展趋势,在全生命周期环节全面考虑、科学论证对生态环境与人文社会的长远影响,以及安全管理与应急准备计划的可行性显得尤为重要。另外,我国在事故教训总结方面同样需要进一步加强。

2 21 世纪尾矿库溃坝重大事故回顾

高质量的事故案例数据在尾矿库溃坝泥流运移机制及灾害预评估方法研究中具有重要的学术价值。溃坝事故后监管部门、矿山企业往往面临问责追责与严厉处罚，但事故案例数据短缺为尾矿库溃坝灾害评估、研究及验证带来较大困难。目前，国内外大型事故案例多已发布专家组调查报告，涵盖工程背景、现场监测、致灾原因调查等内容。本章将梳理巴西、加拿大等尾矿库重大溃坝事故调查报告与文献资料，聚焦溃灾事故发生过程、事故起因、事故后续影响，为尾矿库溃坝灾害影响研究与防灾措施制定提供参考。

2.1　2019 年巴西 Brumadinho 尾矿库事故

2.1.1　尾矿库概况

2019 年 1 月 25 日中午 12:28，位于巴西 Minas Gerais 州 Brumadinho 地区东北部 9 km，Belo Horizonte 市南部的淡水河谷公司旗下 Córrego do Feijão 铁矿 1 号尾矿坝(图 2.1)突发溃坝事故。

该尾矿库于 1976 年建造投入使用，设计使用上游式筑坝工艺，在 1976—2013 年历经 10 次堆积提升筑坝阶段(图 2.2)。初期坝建造于 1976 年，建造高度 18 m，坝顶标高+874 m，初期坝未设计任何排水系统。于 1982—1990 年进行了第二次堆筑坝体,最初设计方案是在初期坝基础上分 5 个阶段提升,每个阶段提升 3 m,最终坝顶标高从+874 m 提升到+889 m。在坝体堆筑到+880 m 时,调整计划方案为提升 29 m 至+909 m。然而实际施工与原设计及调整方案均有较大出入,在堆筑施工结束时坝体实际提升到了+891.5 m。第三次堆筑坝体在 1991—1993 年,将坝体升高 7.5 m,即从坝顶标高+891.5 m 提升至+899 m。第四次堆筑坝体在 1995 年,原设计坝体较陡,为增强坝体稳定性,将坝体后撤约 4 m,此次筑坝后坝顶标高提升至+905 m。此次后撤施工虽减小了坝体整体坡度,但致使坝顶附近所堆筑坝体更接近库内干滩面,2019 年溃坝事故发生前遥感影像显示库内干滩面偶尔会接近坝顶,导致强度低的尾砂更接近坝顶,坝内粗细粒尾砂分区效果差,并且此次后撤施工使得上部坝体位于低强度和细颗粒的尾砂层之上,为溃灾事故埋下较大隐患。1998 年进行了第五次筑坝施工,将坝体标高提升 5 m 至+910 m;2000 年进行了第六次筑坝施工,将坝顶标高提升 6.5 m 至+916.5 m;2003 年进行了第七次筑坝施工,将坝体提升了 6 m,坝顶平均标高为+922.5 m,其中右侧坝顶标高为+921.5 m,左侧坝顶标高为+923.5 m。2004 年进行了第八次筑坝施工,将坝顶平均标高提升至+929.5 m。第九次和第十次筑坝施工在 2008 年和 2013 年,分别将坝体提升了 7.5 m 和 5 m,最终坝顶标高为+942 m。2013 年后未再堆筑坝体,2016 年 7 月停止排放尾矿。溃坝发生前总坝高 86 m,坝顶标高+942 m,坝顶长度 720 m,库容约 1 200 万 m^3。参照我国现行《尾矿库安全规程》(GB 39496—2020)库等划分标准,该尾矿库属于三等库。

图 2.1　Córrego do Feijão 铁矿 1 号尾矿坝及下游重要设施位置分布图

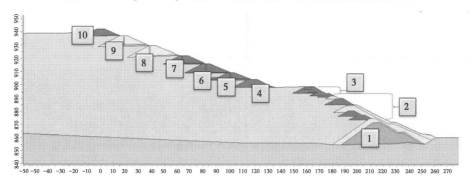

图 2.2　Córrego do Feijão 铁矿 1 号尾矿坝堆积阶段

2.1.2　溃坝事故过程

Córrego do Feijão 铁矿 1 号尾矿坝溃坝事故发生迅速,外泄泥流深度达 30 m,最先到达下游北侧水坝,之后部分泥浆涌入 1 号尾矿坝对面的厂房,并淹没下游堆料场,在淹过餐厅和办公楼后,于 Brumadinho 郊区的 Paraopeba 河停止流动。

高质量的监控视频显示边坡溃坝过程由图 2.3(a)坝顶下沉,到图 2.3(b)、图 2.3(c)初期坝上部、堆积坝中部拱起、崩塌、开裂,再到图 2.3(d)坝体大部分表面塌陷为止,坝体在 10 s 内溃决坍塌。筑坝尾矿突然失去强度,变成高度液化的材料以较高的速度向下游流动,结合卫星影像与监控视频,测算出外泄尾矿泥流最初在坝趾下游 300 m 范围内运移速度高达 120 km/h,之后耗时 25 s 运移至下游直线距离 460 m 外的选矿厂,平均速度约 66 km/h,溃坝及向下游运移过程引起大量扬尘。约 970 万 m³ 尾矿泥流在 5 min 之内从坝体内奔涌而出流向下游区域。

图 2.3　巴西 Brumadinho 溃坝事故过程

2.1.3　溃坝造成的影响

本次事故造成约 970 万 m³ 尾砂发生了外泄,约占事故发生前总容量的75%,溃坝前尾砂的最大厚度约为 76 m,溃坝后尾砂厚度降低至 3 m。溃坝事故至少造成 267 人死亡,多数为矿山员工,其余为附近旅店的员工和旅客。餐厅、办公室以及 3 辆火车、132 辆货车被泥流淹没,附近的旅店、民房、部分铁路桥和约 100 m 铁轨被泥流摧毁,可见泥流的冲击力之大,附近村庄部分农用地亦遭受破坏,造成超过 28.8 亿美元的经济财产损失。溃坝事故发生之前(2019年 1 月 14 日)与之后(2019 年 1 月 30 日)的 Landsat 8 卫星图像对比如图 2.4

所示,溃坝事故发生后,下游出现的大面积红棕色区域即溃灾泥流所淹没区域,
由库区沿下游蔓延到了 Paraopeba 河。该河是 São Francisco 河的主要汇入河,
溃坝发生前,该河流的悬浮颗粒物(Suspended Sarticulate Matter, SPM)的平均浓
度为 200~300 mg/L,事故发生后(2019 年 2 月 1 日)下游 40 km 区域的 SPM 中值
浓度为 700~1 000 mg/L,40 km 以外 SPM 值开始下降,但仍高于溃坝发生前。
专家认为 SPM 值下降跟河流宽度变宽导致流速下降、多数颗粒发生沉降有关,
下游 60 km 附近 Juatuba 区域测得 SPM 值升高,推测是由于该区域的降雨导致
颗粒再次悬浮。溃坝发生后,河水浊度为 300,是标准浊度的 30 倍,与当年 2 月
份相比,5 月份溃坝区域下游 115 km 处的微生物菌落增加了 60 倍,这表明微生
物代谢谱已经发生了变化。在 2019 年 5 月份,在距离溃坝发生地 304 km 处的
Retiro Baixo 河中,斑马鱼的胚胎死亡率高达 85%,推测是尾矿在 Paraopeba 河
较大范围蔓延造成的影响。Paraopeba 河的汞含量在事故发生后达到了标准值
的 21 倍。

图 2.4 巴西 Brumadinho 溃坝事故前后 Landsat 8 卫星图像

外泄尾矿泥流覆盖了 313 万 m² 区域,直接威胁生态系统与人类的健康,由
于尾矿泥流中包含有毒的物质及其本身的强大冲击力,因此所覆盖区域动植物
多数难以幸免于难。在受损的土地中,林地受损最多,占总体的 49%,草地和农
业用地占 24%,对以农业为经济支柱的当地经济造成重大影响;在受损土地中,
人类活动区域约为 6.6 万 m²。

2.1.4 事故原因调查

由 Peter K. Robertson、Lucas de Melo、David J. Williams 等岩土工程知名专家组成的独立调查小组负责对本次事故开展调查。调查小组分析了事发当天附近的地震记录,观测到坝体变形的 28 s 前开始有低振幅的地面震动,经调查震动并非源自地震或爆破,而是由于在坝体内出现强度丧失,但这种强度丧失还未传播到坝体表面。

该事故特别之处在于发生前未发现任何明显迹象,事故发生 7 天前使用无人机巡查监控,其中并没有发现任何破坏痕迹。该尾矿坝配备了如坝顶监测、测斜仪、地面雷达等监测设备,但均未能监测出明显的异常。溃坝前的卫星影像分析表明,溃坝前一年坝面出现缓慢且连续的小幅向下形变,速率小于 36 mm/a,仅在雨季出现加速形变。溃坝前 12 个月坝体下部测得的水平形变为 10 ~ 30 mm,但这些缓慢形变与尾矿坝的长期沉降规律一致,因此未被视为溃坝的先兆。

调查小组 2019 年 12 月公布调查报告,认为以下 6 个技术问题是导致溃坝的主导因素:①尾矿坝上游坡度过陡;②尾矿库水位控制不当,水位有时接近坝顶,导致不稳定的尾矿沉积在坝顶;③设计不合理导致尾矿坝中低强度的细尾矿承受了坡面上部重力;④坝体没有设置大型排水设施,导致浸润线过高,尤其是坝趾附近;⑤尾矿中铁含量高,导致尾矿密度大,颗粒之间形成黏结,这种黏结而成的坚硬尾矿颗粒在排水不畅时脆性较大;⑥高强度的区域性雨季降水导致尾矿粒间吸着力显著下降,进而造成高于库水位的非饱和尾矿强度小幅降低。

尾矿库排水系统缺陷是溃坝事故的主要原因之一,初期坝的设计建造结构导致坝体内水无法顺利排出,并且在后期堆筑坝体阶段,除了设置若干小型排水层和在较高坝体内修筑若干竖井排水管,整个坝体未安装有效的内部排水设施,建造上述排水层和排水沟恰是因施工过程观察到坝趾上方坝体有渗漏。排水设施的缺失加上尾矿坝存在渗透性较差的细尾砂层,导致该尾矿库浸润线较高,第五次筑坝施工时已发现坝趾上部出现渗漏现象。尽管 2016 年该尾矿库已停止尾矿堆存,但坝体内部安放的水压力计数据表明水位并未随着尾矿停排而出现明显的降低。由于该地区有强降雨、坝体排水能力有限,因此坝体上部水位在缓慢下降,而坝趾处却维持较高水位。在 2018 年年初,在坝体内部布设了 14 根排水管,大多位于后撤部位。

调查组发现该尾矿库中的尾砂包含大量的铁/亚铁离子,含量超过 50%,包含少量的石英,含量低于 10%,较高的铁含量使尾矿具有较高的密度,其重度约为 26 kN/ m³。通过试验得知,该尾矿库内的尾砂处于松散状态,大多是饱和黏结的,当一种物质同时具备这些特征后,就有可能在受拉的情况下发生突然的强度丧失,这与溃坝前坝体没有明显变形以及溃坝的突发性相一致。对坝体内部压力分析表明,尾矿坝绝大部分由于坡度过陡、尾矿密度大和内部水位高而处在高应力的状态下。

调查组认为,上述原因造成该尾矿坝主要由松散、饱和、密度大、脆性高的尾矿组成,下游坡面承受较高水平的剪切应力,坝体处在临界稳定状态。试验表明,触发尾矿强度丧失的应变量非常小,尤其是在尾矿本身强度不高的情况下。这些因素可能造成尾矿液化。2016 年 7 月该尾矿坝停止继续堆放后,降雨多年持续增加。2018 年年底,强降雨使得非饱和尾矿吸着力减小从而强度降低,加上坝体尾矿料蠕变,导致尾矿突然丧失强度,处于临界稳定状态的坝体最终溃决。

该事故发生后,巴西政府对尾矿库安全要求更加严格,当地政府取消了另外两个淡水河谷旗下矿山的尾矿坝运营许可证,并要求 3 年内退役约 80 座上游式尾矿坝。该起事故的发生及其所造成的恶劣影响,暴露出尾矿库所布设的先进监测设备并不能有效监测预警溃灾事故的发生。尾矿库安全管理不可过于依赖在线监测系统,需结合工程实际综合评估尾矿库的运行安全状态,为尾矿库运营维护提供决策依据。对于尾矿库溃坝灾害影响的预评估与应急处置方案将是事故在难以监测预警的情形下,最大限度减少伤亡损失与次生灾害的第二道防线。

2.2　2015 年巴西 Fundão 尾矿库事故

2.2.1　尾矿库概况

2015 年 11 月 5 日 15:45,巴西 Minas Gerais 州的 Fundão 尾矿坝发生溃坝事故,尾矿库由 Samarco 矿业公司管理运营,采用上游式筑坝工艺,溃坝发生时,坝顶标高已经达到+900 m,坝体高度 110 m。高效的排水设施是保障上游式筑坝工艺安全性的关键,该尾矿库的底部设置排水沟,延伸至初期坝的外部,尾矿含水可以通过排水沟排到坝体外。另外在尾矿库不断加高扩容的过程中,在不同高度处设置了水压计,以便监测是否有异常水位出现。尾矿库主要堆存两种尾砂(图 2.5),一种是粗颗粒尾砂,基本无黏性,排水性能较好,另一种是细颗粒尾矿泥,呈红棕色且具有一定黏性。在尾矿库设计方案中,粗颗粒尾砂和细颗粒尾矿泥在物理空间上被分隔开,粗颗粒尾砂被排放到 1 号尾矿坝内,细颗粒尾矿泥被排放到 2 号尾矿坝内。

（1）筑坝工艺

1 号尾矿坝是土石坝,作为初期坝,其随后采用上游式筑坝方法逐级提升。根据空间位置可划分为左侧坝体、中间坝体、右侧坝体。该坝于 2007 年 7 月开始建造,2008 年 9 月建造完成投入运营,直到 2015 年 11 月溃坝发生。2 号尾矿坝同样是土石坝,作为初期坝,采用中线式筑坝方法,坝体围筑库区用于堆存细颗粒尾矿泥,该尾矿坝于 2007 年 7 月同期开始建造,2008 年 9 月完成建造,运营至 2014 年 2 月,直到 1 号尾矿坝所围筑库区可满足细颗粒尾矿泥堆存要求。

此外,1A 尾矿坝位于 1 号尾矿坝所围筑库区内部,于 2009 年底修建,2009

年12月至2011年1月使用,用于在1号尾矿坝修缮工程完成前暂存细粒尾矿泥和粗颗粒尾砂。新1A尾矿坝同样位于1号尾矿坝所围筑库区内部、1号尾矿坝与2号尾矿坝体之间,于2010年8月至12月修建,2011年1月至2012年2月运营,作为1A尾矿坝的补充。除了上述坝体,库区还包括部分小型坝体,各坝体分布位置如图2.6所示。

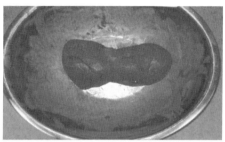

图2.5　粗颗粒尾砂(左)和细颗粒尾矿泥(右)

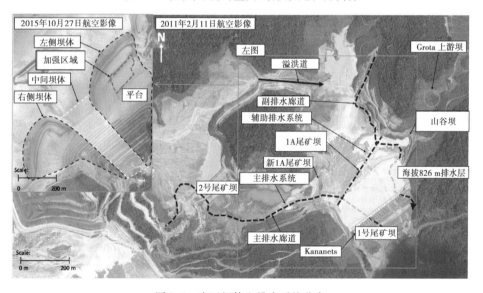

图2.6　库区坝体和排水系统分布

(2)排水系统

在1号尾矿坝后的库区内部布设排水系统,其中包括主排水系统和辅助排水系统,设计采用梯形碎石排水方法,于2008年9月建造完成并投入使用。初期坝建设完成后不久，由于基础排水设施的施工缺陷，该排水系统逐渐失效。

在 1 号尾矿坝后的库区内还布设了主、副两个排水廊道，分别位于 1A 尾矿坝西南侧、东北侧两端。主排水廊道使用混凝土筑造，直径 2 m、长 1 207 m，主要服务 2 号尾矿坝，于 2007 年 7 月至 2008 年 9 月建造，2008 年 9 月至 2010 年 7 月、2011 年 7 月至 2013 年 10 月使用。副排水廊道与主排水廊道的建造时期同步，同样采用混凝土筑造，直径 2 m、长 811 m，主要服务 1 号尾矿坝，在使用期间多次出现故障，2013 年 6 月被封堵。此外，1 号尾矿坝内还设置垂直排水设施，于 2008 年 9 月建造完成并投入使用，直至溃坝事故发生。在尾矿库初始排水系统失效、被封堵后，为保证库区正常排水，于 2010 年 6 月至 2010 年 11 月在 +826 m 标高处铺设了排水层替代基础排水系统，同年 12 月投入使用。

除了上述主要排水设施，还设置了其他辅助排水设施，位置分布如图 2.6 所示。

（3）干滩长度

为了控制尾矿库的水位，设置干滩长度 200 m，滩顶 200 m 范围内仅堆存高透水性的粗颗粒尾砂，以免低透水性细颗粒尾矿泥封堵尾矿库排水通道，威胁坝体安全。

2.2.2 溃坝事故过程

溃坝发生于 2015 年 11 月 5 日 15:45，当时有工人在坝顶及附近工作，部分工人在进行坝体堆筑提升作业，部分工人在铺设维护排水层，为下阶段筑坝提升做准备。14 点左右，部分工人感受到持续数秒的震动，伴随窗户响动、桌子上物品掉落，但未造成严重的损害。15:45 时，工人对讲机传来大坝正在发生溃决的消息，左侧坝体扬起尘土，在 1 号坝平台加强区附近观察到新建排水层出现了裂缝，裂缝上部的坝体发生形似波浪的起伏，坝顶被描述出现"融化下沉"现象。坚固的坝体及尾砂在几分钟内液化并向外溢出，淹没下游的 Bento

Rodriguez 村庄,最终汇入河流、海洋。目击者描述和部分监控视频,印证了事件经过:①Fundão 尾矿坝溃决始于左侧坝体,并非右侧或坝趾处;②溃坝由尾砂流动液化直接造成,液化是尾砂颗粒间孔隙水压力增大而诱发,大量尾砂瞬间失去强度并像液体一样发生流动;③液化为瞬时突发,尾矿几秒内变成与水类似的具有流动性能的流体。

溃坝发生前,左侧坝体处有工人铺设维护排水层,图 2.7 为溃坝发生前目击者位置分布图。

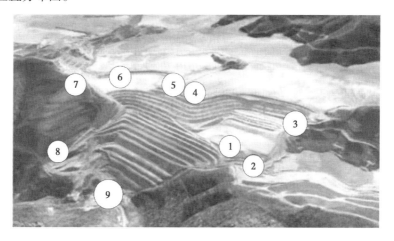

图 2.7　溃坝发生前目击者位置分布图

位于 4 号和 6 号位置的目击者首先注意到坝体左侧扬起尘土,预示着溃坝活动的开始。位于 4 号位置的目击者观察到尾矿库中部涌起波浪,同时左侧坝体出现裂缝,左侧后撤平台位置尾砂开始涌动。位于 5 号位置的目击者观察到裂缝自左侧后撤平台位置的坝顶处开始出现,之后向两侧延伸,并先后到达左侧坝体、右侧坝体。在坝趾处 9 号位置的目击者观察到尾砂泥浆由左侧坝体倾泻而出,而初期坝并未发生移动。

目击者所观察到的现象表明溃坝是由左侧坝体后撤平台位置开始,初期坝并未发生溃坝。而坝顶位置的目击者无法准确描述溃坝是何时何地启动,当观察到溃坝现象时,溃坝第一阶段已经过去。

其余左侧坝体处的目击者对溃坝过程有相对更近的观测视角,位于 1 号、2

号位置的目击者最先注意到溃坝发生在左侧坝体排水设施处,时间大约在
15:45,排水层在此处突然向外喷出泥浆,最先移动和开裂的位置也出现在排水
层附近,沿后撤平台边缘出现在+857 m 标高附近。1 号位置目击者感受到脚下
所站立平台开始移动,周围开始出现裂缝后,从后撤位置坡面处向下游逃生。

紧接着发生位移的是后撤平台的较低坡面,位于 2 号、3 号和 5 号位置的目
击者描述坡面运动像"波浪"般由下至上传播,因此推测位移出现于较低坡面高
度。3 号位置的一名目击者观察到位于标高+875 m 的一辆小型推土机被向外
推动,表明溃坝位置位于该处或其以上高度。

综上所述,目击者所观察到的现象可总结为如图 2.8 所示的溃坝开始前后
一系列事件。

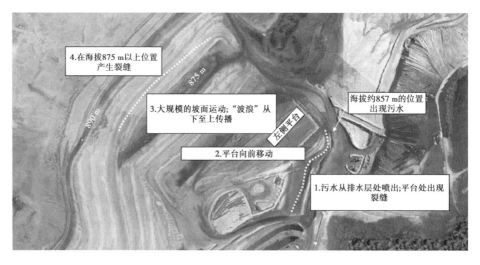

图 2.8　溃坝事故目击者所观察到的现象发生时间顺序

当上述事件发生后,位于 4 号、5 号和 6 号坝顶位置的目击者观察到溃坝规
模逐渐增大,这是因为坝体溃口已发展至坝顶并逐步延伸到库区内部,至此尾
矿坝中间和右边坝体也开始失稳。

坝顶下游 1 300 m 处一横穿库区的传送带在溃坝发生后 4 min 即 15:49 停
止工作,可推算出溃坝泥流到达传动带位置时速度约为 11 m/s。根据统计数
据,约 3 200 万 m³ 尾砂泄漏,占比高达总容量的 61%,如此高比例的溃坝外泄

尾矿在此类事故统计中较为罕见。

2.2.3 溃坝造成的影响

溃坝外泄约 3 200 万 m³ 的尾矿泥流,淹没下游 Bento Rodrigues 村庄,造成 158 栋房屋受损,至少 19 人死亡,超过 600 人无家可归。图 2.9 展示了事故发生之前(2015 年 10 月 11 日)与之后(2015 年 11 月 12 日)的 Landsat 8 卫星图像。

图 2.9 Fundão 溃坝事故前后 Landsat 8 卫星图像

生态环境影响方面,外泄泥流汇入巴西东南部主干河流 Doce 河,并最终到达距离大坝 600 km 之外的大西洋。事故发生后的 25 天,外泄尾砂已沿着河口向南部蔓延 20 km,Doce 河 660 km 范围内的 14.69 km² 河岸植被遭到破坏。有研究者将受溃坝污染区域与未受污染区域对比,发现受污染区域内水中锰含量极高,沉积物铁、铝、铅、镍、砷含量也高于未污染区域。两次水域内取样测试结果表明,铁、铝和锰的颗粒相浓度分别比未污染区域高出至少 5 000、800 和 23 倍。所报道的另一处受污染区水域样品中,所溶解铁、铝和锰的含量分别超出巴西水质标准的 2、3 和 100 倍。同时,研究者抽取两种鱼类对比研究发现,受污染水域鱼类肝组织出现细胞质空泡化、坏死等不良变化,细胞色素、金属硫蛋白也被发现异常。约 15.8 km² 陆地生态系统遭到破坏,其中包括约 4.8 km² 大西洋雨林,共346种濒危脊椎动物、无脊椎动物及植物可能受到影响,其中166种植物、41种哺乳动物和87种鸟类将受到较大影响。

该起尾矿库溃坝事故被认为已造成巴西历史上最严重的环境灾害,尾矿废弃物可能将长期存在于Doce河,造成的影响深远且持久。

2.2.4 事故原因调查

溃坝事故的直接原因是尾矿产生液化。液化是指固相散体物质失去强度、像水一样流动的过程。达到松散饱和状态的尾矿易产生液化失稳现象。

如前文所述,2009年初期坝堆筑完工不久,最初的基础排水设施发生失效。为保证排水效果,在标高+826 m位置铺设排水层,导致排水层下部尾砂饱和度过高,尾矿液化可能性增高。同时,排水层排水能力远远不能满足库区内尾砂排水需求。事故发生前监测数据显示,当时水位高度已经超出排水层约50 m。

2012年年底,大坝左侧下方的副排水廊道由于设计缺陷无法继续承载重量,可能引发溃坝,故放弃使用该排水廊道并采用混凝土对其进行填充封堵。在廊道用混凝土填充封堵完毕前,坝体无法再堆筑提升,为保证维护期间尾矿库的正常运营,大坝左侧往后撤了一段距离,在左侧形成了如图2.10所示的后撤平台区域,导致后续坝体堆筑于先前沉淀的细颗粒尾矿泥之上。

最初设置的200 m干滩长度在实践中未严格执行,实测库内水边线到达滩顶距离仅60 m。尾矿库排尾筑坝计划中,多数月份超过设计所规定的每月提升1 m的堆存速度。事故发生前,月度尾矿堆筑速率甚至达到2.9 m,接近设计所规定提升速率的3倍。后续堆筑坝体荷载施加速度过快,左侧坝体下的细粒尾矿泥在荷载作用下像牙膏一样被逐渐挤压进粗粒尾砂中,尾矿泥上部粗粒尾砂受挤压运动影响,受到的水平应力减小,发生滑移且变得松软。随着坝体的升高,2013年间左侧后撤区域偶尔发生渗漏。饱和尾砂体积不断增大,至2014年8月,铺设排水层已达到最大排水限度。与此同时,随着坝体的升高,堆筑坝下方细粒尾矿泥逐步被加压并对堆存粗粒尾砂造成影响,最终构成尾砂液化的条件,如图2.11所示。

图2.10　坝体左侧后撤平台位置

图2.11　产生尾矿液化条件的示意图

在初步具备尾砂液化条件后,矿区几乎每天都进行的爆破作业经常会造成一些小型地震。溃坝发生当日,即2015年11月5日14:15左右,4 min内接连发生3次小型地震,震源距离Fundão尾矿坝不足2 km。虽然地震等级未超过

2.6级,但此时左侧坝体已接近饱和状态,小型地震成为溃坝事故的导火索,90 min后Fundão尾矿坝发生溃决。过小的干滩长度、过高的库区水位、细颗粒尾矿泥与粗颗粒尾砂的随意混合,最终导致尾矿坝处于失稳溃决的危险边缘。小型地震导致水压升高,促使尾砂达到液化条件,瞬间丧失强度由左侧平台处涌出,导致溃坝的发生。

巴西是拥有悠久采矿历史的矿业发达国家之一,而针对尾矿库安全的法律条文却在2012年才颁布生效。在Fundão尾矿坝发生溃决后,巴西政府收紧了尾矿库安全相关法律法规。2017年5月,巴西国家矿业机构颁布了新法令,修改尾矿库分类标准,全面检查应急行动计划要求,提出尾矿坝须定期开展安全审查的要求。尾矿库经营企业必须在2019年5月之前依照新法规整改完毕。

2.3 2014年加拿大Mount Polley尾矿库溃坝事故

2.3.1 尾矿库概况

Mount Polley尾矿库位于加拿大的不列颠哥伦比亚省中部,属于威廉姆斯湖印第安人和苏打溪印第安人的原住民领域,由Imperial Metals公司运营,是一座用于存储铜金矿尾砂的尾矿库。该尾矿库位于威廉姆斯湖东北方向约65 km,所属区域的气候相对温和,根据尾矿库附近气象站报告,该地区年平均温度为4 ℃,极端温度为33.9 ℃和−37 ℃,降水一般全年分布均匀,冬季以降雪为主。

尾矿库西北方向3 km的地方为选矿厂(图2.12),选矿厂排出的尾矿由粉砂(64%)、细砂(30%)和少量黏土(6%)组成。全面运营阶段公司约有400个员工,每天处理约2.1万t矿石,于1997年6月13日开始生产,2001年9月至2005年3月期间因维护而停产,随后继续生产直至溃坝事故发生。尾矿库设计包括渗流蓄水池、地表径流分流沟以及流量控制装置、沉淀控制装置、重力式尾矿分配系统和水回收系统,尾矿库占地约 3 km², 长度超过 4 km,设计采用改进的上游式筑坝工艺,溃坝前共经过 9 次提升筑坝,初期坝坝顶标高为+927 m,经过数次提升坝顶标高达到+970 m。

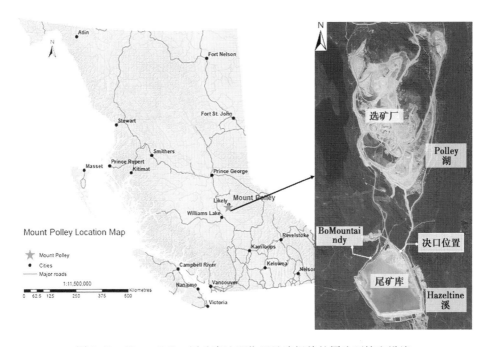

图 2.12　Mount Polley 尾矿库地理位置及溃坝前的周边环境和设施

尾矿库位于一个近乎平坦的盆地,依山而建,西北侧为山体,有三座连续的尾矿坝围筑形成尾矿库,其中东南侧为主坝,北侧为外围坝体,另一座为南侧坝体,如图 2.13 所示。溃坝发生在尾矿库北侧外围坝体,图中还标明了仪器监测的位置,溃坝的决口发生在所标记 G 位置附近。

图 2.14 展示了尾矿坝坝体的分区简化截面。坝体由土和堆石坝组成,具体分区有:

U 部分:上游填充部分;

C 部分:坝体的外部堆石部分;

S 部分:堆存沉积物的坝体核心;

F 部分:过滤部分;

T 部分:过渡部分。

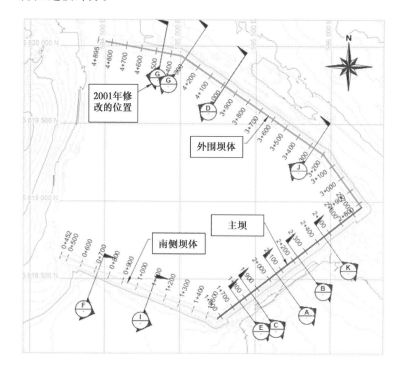

图 2.13　坝体位置分布

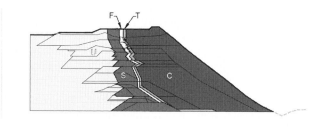

图 2.14　坝体分区简化截面

　　S 部分为坝体的核心防渗部分,由该地区挖出的冰川沉积物组成。C 部分的作用是支持核心 S 部分,保持 S 部分稳定。当核心部分发生渗漏或者破坏时,渗漏出的细粒尾矿将进入 C 堆石区,过滤区(F 部分)和过渡区(T 部分)的建设是为了吸收由核心区域渗漏出的细粒尾砂,防止其流出影响 C 部分堆石区的透水性。虽然 C 部分被压实以提高其密度,但仍不足以阻止 F 部分到 C 部分的物质转移,因此设置 T 部分作为 F 部分到 C 部分的过渡,能够阻止从 F 部分出来的物质进入 C 部分。

U 部分由尾砂构成,当尾砂材料不能及时送达时,采用堆石料构成。需要注意的是,坝体的中心区域向上游有轻微的倾斜,这种结构被称为改进型中线结构。U 部分的主要作用是为 S 核心部分的上游区域提供支持,兼具保持回收水远离坝体核心的功能。

最先修建主坝和外围坝,其初期坝在 1996 年建造完成,南侧坝在接下来一年内建造。图 2.15 和图 2.16 为主坝和外围坝在 2013 年施工期结束时的部分截面,放样线(Setting Out Line,SOL)为确定坝体堆填区域的尺寸和坝体长度提供了参考。其中,D 区域是距离溃坝决口最近的区域。

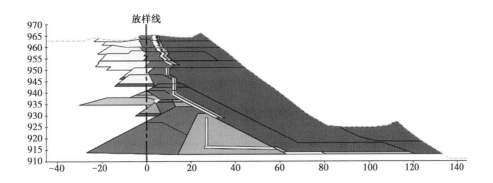

图 2.15 主坝在 A 区域的截面图

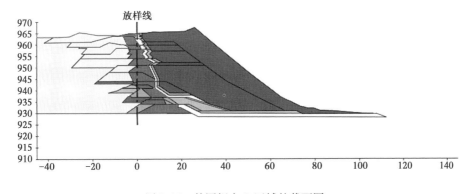

图 2.16 外围坝在 D 区域的截面图

坝体的历史建造阶段如图2.17所示,初期坝于1996年建造完成,坝顶标高+927 m,后又按照图中的顺序逐步提升。阶段9由2014年4月末开始建造,将坝顶高度从标高+967.5 m提升至+970 m。阶段10计划将坝顶标高提升至+972.5 m,以满足在2015年9月底为矿山提供足够库容。直至溃坝发生时,阶段10的提升计划仍处于审查阶段。

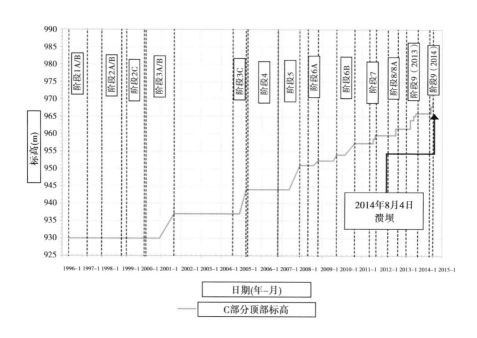

图 2.17　尾矿库的高度随时间的变化

2.3.2　溃坝事故过程

2014年8月3日23:40左右,坝体发生初塌(溃),随后,坝顶开始坍塌,坝内的矿浆在8月4日00:50左右开始溢出,主要溃坝泥流外泄过程发生于8月4日1:08左右,过程持续了约16 h,到8月4日16:00外泄泥流量开始大幅减少。溃坝发生于外围坝体,坝顶高度距离设计标高仅差1m。

溃坝事故的发生非常突然,未发出任何预警信息。溃口出现时主坝地基处已探测到微小位移,正在根据探测结果进行设计和施工的变更。

表 2.1 列出了溃坝事故出现前的关键事件,观察到的主要现象如下:

①2014 年 8 月 3 日 18:30,最后一次施工作业结束;

②2014 年 8 月 3 日 22:30,现场观测没有发现问题;

③2014 年 8 月 3 日 23:45,周边渗漏池没有发现问题;

④2014 年 8 月 4 日 00:45,周边渗水池内的水开始波动;

⑤2014 年 8 月 4 日 1:15,停电(可能是由于决口出现);

⑥2014 年 8 月 4 日 2:05,发现尾矿坝出现溃决口。

表 2.1　决口部分及邻近区域的事件及活动时间表

日　　期	活　　动	
2014 年 8 月 3 日	6:30—18:30	把 PE 管抬高后放置在 C 部分
	22:30	护堤良好,边坡良好,没有出现明显的裂缝
	23:00	东侧外围水池将在 1 h 内发出高水位警报
	23:30	外围水池内的副水泵开始工作,没有异常
	23:45	驾车由外围水池穿过坝顶,经过溃坝位置,未发现异常
	24:00	副泵将外围水池内的水位降低
2014 年 8 月 4 日	00:15	水池内的水开始趋于平稳
	00:45	水池内的水位开始轻微上升
	1:00	水池内的水开始急速上升
	1:15	电厂熄灯,工厂关闭,水池内的水位急剧上升
	2:05	排水操作员发现尾矿坝已经出现溃决口

2.3.3　溃坝造成的影响

溃坝造成约 730 万 m^3 的尾矿、1 060 万 m^3 的水和 650 万 m^3 的孔隙水外泄到周围环境中,倾入 Polley 湖,途经 Hazeltine 河流入 Quesnel 湖,对 Polley 湖和 Quesnel 湖的生态系统造成严重影响,摧毁了 Hazeltine 河整段河岸,Polley 湖附近的尾矿沉积厚度达到 3.5 m。Hazeltine 河的宽度由 1m 冲刷到 45 m,最终形成了 10～20 cm 的尾矿沉淀层,河流内铜离子浓度增高,在距离河道 50 m 滩面测得铜离子浓度在 88～1 020 mg/kg,远超溃坝前的平均浓度。虽然矿山企业在溃坝后对河流内沉淀物进行了清理工作,但水中的游离铜离子仍会产生长远的影响。

由于溃坝发生当天为不列颠哥伦比亚省法定假日,坝体附近没有工人,该起溃坝事故没有造成人员伤亡,但对当地的原住民造成了极大的影响。英属哥伦比亚省是加拿大最具文化多样性的省份之一,许多原住民沿着巴西最长的河——弗雷泽河定居,该河是许多原住民参与传统活动如捕捉鲑鱼的地方,与他们的传统文化、健康息息相关,捕捉鲑鱼活动已经在原住民中延续多代,为各部落聚集提供基础,对部落凝聚力有较大的促进作用。捕鱼与加工为他们提供了共同活动的机会,在保持身份认同方面发挥了重要作用,并且还能带来一定的经济效益。Mount Polley 尾矿库溃坝当天,是弗雷泽河对原住民开放捕捉鲑鱼的第一天,约 2 500 万 m³ 尾矿流入弗雷泽河流域,对 19 个原住民传统活动区域造成了直接影响,导致原住民捕鱼活动减少。一些原住民因担心溃坝带来的不确定性和对环境潜在的不可逆的影响,放弃了传统捕鱼区域,间接导致一些部落之间的关系变得紧张。

溃坝事故发生之前(2014 年 7 月 29 日)和之后(2017 年 8 月 5 日)的 Landsat 8 卫星图像对比如图 2.18 所示。

图 2.18　Mount Polley 溃坝事故前后 Landsat 8 卫星图像

2.3.4 溃坝原因

此次溃坝事故的直接原因是位于大坝地基下方约 10 m 基础黏土层滑移，该黏土层具有中高塑性，厚度可达 2 m，被调查专家组称为上冰湖单元（Upper Glaciolacustrine Unit，UGLU），溃坝发生前未开展地基调查。原始的 UGLU 为"轻度超固结"黏土，预固结压力在 380 ～ 420 kPa，在尾矿坝建立之前，该层在剪切作用下表现出膨胀反应，其极限强度由排干摩擦强度控制。但高度 40 m 尾矿坝的重量使 UGLU 承受高达 800 kPa 垂直应力，坝体下方大部分 UGLU 承受了远高于预固结压力的应力，随着坝体提升，逐渐由"轻度超固结"转变成"正常固结"，在剪切作用下有收缩效应。溃坝发生时，"轻度超固结"和"正常固结"的分界点位于坝体边坡下 1/3 以下。

UGLU 的剪切强度受黏土层中较高塑性区控制，在直接剪切试验、直接单剪切试验和不排水三轴压缩试验中，观察到 UGLU 的应变弱化特性，具备该特征的材料在排水或不排水荷载条件下，当变形超过峰值时其强度将明显下降。安装于 UGLU 的压力计未观测到坝体施工期间的超高孔隙压力记录。然而，UGLU 变形势必改变溃坝前黏土孔隙压力状态，基于黏土固结特性与筑坝进度的孔隙压力分析预测显示，在溃坝时可能出现超过 158 kPa 的孔隙压力。

采用极限平衡法计算溃坝时期的坝体安全系数为 1.27，通过渗流分析计算得到 UGLU 峰值排水强度和破坏前孔隙压力，考虑到施工引起的孔隙压力，安全系数降至 1.19。坝体陡峭边坡下的 UGLU 承受剪应力早已超过有效排干峰值强度，进而导致在 UGLU 中产生了一系列的不排水失效机制。利用 UGLU 的峰值不排水强度计算尾矿坝的安全系数为 1。由于 UGLU 的应变弱化特性，一旦尾矿坝开始破坏，其位移可能会加速，从而促使 UGLU 承受更高应力及更大强度损失，在 UGLU 完全丧失强度前计算安全系数降低至 0.80，在这一阶段，坝体的加速位移将持续到安全系数重新稳定于 1。后期调查研究结果表明，坝体在 UGLU 滑动面上的位移为 5 ～ 10 m，尾矿坝变形数值分析表明坝体顶部在溃坝时的沉陷足以使库区内水位漫过坝体顶部。

本次事故直接原因是尾矿库坝基底部的冰湖层溃塌,但根本原因是最初尾矿库坝基设计出现错误,未考虑外围坝体下部复杂地质环境,并且后期尾矿库运营过程中并未布置完善的监测体系。因此,在同类尾矿坝设计与施工中,应从本事故吸取教训,充分调查并分析库区地质环境与地基状态。

3 尾矿库溃坝灾害影响数值仿真及其验证

尾矿库溃坝灾害影响后果与其外泄泥流的流动特性及演进规律密切相关，鉴于此，溃坝灾害影响的模拟预测将为尾矿库选址设计、建设施工、运营管理、灾害防治、应急措施制订及闭库管理等全生命周期管理流程提供直接参考。由于溃坝泥流瞬时破坏性巨大且不易控制，几乎不具备工业试验研究的可能性，仅能依赖计算机数值仿真技术与物理模型相似模拟试验重现泥流演进过程。

例如，尹光志等人利用自主研发的尾矿坝溃坝破坏相似模拟试验装置，研究了不同坝体高度下的溃坝泥流流态演进规律及动力特性，结果表明：①尾矿坝与普通水坝相比溃坝材料特性差异较大，水坝溃坝为黏性系数较小的水流，而尾矿坝溃坝下泄物流体黏性较大。②与典型泥石流相比，尾矿坝溃坝下泄物粒径分布范围窄，颗粒级配较均匀，因此与泥石流的"阵流"相比，溃坝冲击力曲线相对"平缓"，不存在由较大石块撞击所产生的突变点，并且溃坝下泄物在流动过程中流量和水位相对稳定。③尾矿坝的高度对下游淹没范围与深度影响明显，随着尾矿坝高度的不断增加，溃坝下泄物的冲击强度和最大淹没深度逐渐增加，且最大淹没深度与冲击距离呈正相关。敬小非等人以工程实例为背景，研制设计物理相似模拟试验台，研究了溃口宽度对尾矿坝溃决泥流流速、冲击强度、淹没深度等流动特性的影响。刘洋等人模拟实际溃坝案例得出淹没范围、速度、堆积厚度等变化规律，并探讨了拦挡坝的防护效果。

然而，溃坝泥流流动特性是由密度和应力水平共同决定的，上述物理模型相似模拟或数值模拟均对研究对象进行了相似缩尺处理，无法实现真实比例的溃坝泥流演进大规模模拟,可能出现较大误差甚至给出与实际情况相反的结论,并且建立模型过程中多数将模型进行了简化处理,忽略或简化处理库区及下游复杂地形,无法真实反映尾矿库区形态、下泄区域的地貌特征以及地表附着物等影响因素,因此结果可靠性有待考证。此外,所采用的网格类数值仿真方法在处理求解溃坝类大变形、带有自由面问题中可能因算法限制出现较大误差,难以求出可信的计算结果。

针对以上问题,本章引入光滑粒子流体动力学(Smoothed Particle Hydrodynamics,SPH)方法对尾矿库进行溃坝模拟,并通过实验室模型和案例来验证该方法的可行性。SPH 方法是一种纯拉格朗日无网格方法,最初由 Lucy、Gingold 等提出用于解决天体物理学问题,目前已被推广应用到能源、矿业、岩土等领域,用于弥补传统网格类数值方法求解大变形问题的缺陷,是滑坡、泥石流地灾防治领域的研究热点。例如,Huang 等人通过 SPH 方法模拟汶川地震诱发滑坡体下泄过程,与实测结果对比验证取得较好一致性;Feng 等人基于 SPH 方法与有限元法植入节点-表面接触算法,模拟评估流滑型滑坡中受灾区建筑物破坏过程;Choi 等人利用 SPH 算法研究拦挡坝尺寸与位置对于泥石流运移速度与淹没范围的影响;McDougall 等人模拟分析滑坡体在复杂三维地形上运移特征,通过验证物理模型试验表明 SPH 算法可胜任滑坡体运移方向、速度与埋深等关键参数的模拟预测。

本章通过库区设计资料、泄漏尾矿泥流体积、坝体堆筑方式以及基本形态等参数构建溃坝几何模型,结合卫星遥感数字表面模型(Digital Surface Model,DSM)重建研究区域真实尺度地形,在 ArcGIS 地理信息系统中圈定出尾矿库区及下游波及区域,标记出坝体、河流、公路、居民区等重要设施在地图上的位置,开展溃坝泥流下游演进的大尺度计算模拟,利用 CPU/GPU 并行计算框架提升求解效率。此外,本章还分别基于实验室物理相似模拟试验与 2015 年巴西 Samarco 铁矿溃坝事故实例的模拟验证该方法可行性。

3.1 尾矿库溃灾泥流特性

溃灾尾砂泥流类似于地质灾害泥石流,是一种固体颗粒级配宽、容重浓度各异的固液两相流。泥流内部尾砂颗粒与水并非截然分明,可将其概化为由水和细颗粒组成的浆体(液相)以及其余粗颗粒(固相)构成的两相流。细颗粒受黏聚力作用呈中性悬移运动,粗颗粒由颗粒间相互作用维持平衡。因此,开展溃坝泥流运移机制研究前,应当首先厘清尾砂级配、库容坝高、筑坝工艺、溃坝模式等因素与泥流浓度、密度等物理特性及其流变特性的相关性规律,据此分类开展模型试验与数值仿真研究。

加拿大大坝协会基于典型尾矿坝溃灾事故实例,按体积浓度将溃坝泥流分为图 3.1 所示的四种类型,指出泥流运移距离与浓度密切相关。如表 3.1 所示,泥流运移流变模型主要有 Bingham 模型、Herschel-Bulkley 模型、Bagnold 膨胀体模型和库伦混合模型。Wang 等人分别研究金、铜、铁尾砂泥流流变特性及影响因素,指出可用 Bingham 模型表征,颗粒粒径与浓度对屈服应力及黏度影响较大;王友彪等人研究不同颗粒级配的 10 种泥流试样流变特性,指出低浓度泥流近似牛顿体流型、高浓度泥流近似 Bingham 非牛顿流型;Schippa 使用桨式转子流变仪研究 30% ~42% 浓度泥石流流变行为,指出当静态屈服应力大于动态屈服应力时,流体呈现典型的屈服-应变行为,低浓度浆体表现为剪切增稠体(膨胀流体),高浓度浆体表现为剪切变稀体(伪塑形流体),与理想状态 Bingham 流变模型差异较大,使用 Herschel-Bulkley 模型能更准确地描述泥石流的流变特性;Wang 等人采用 Bingham 模型与 Mohr-Coulomb 屈服准则描述泥石流的运移演进过程,模拟冲积扇体积、深度与案例观测结果吻合;Mahdi 等人使用 FLO-2D 软件模拟加拿大阿尔伯塔油砂尾矿溃坝泥流,预测下泄流量、淹没范围、埋深变化等潜在后果,通过数值模型参数敏感性分析指出泥流黏度与屈服应力取值对模拟结果影响巨大,有必要测试校准以确定计算参数。

图 3.1 溃灾泥流类型及运移距离(Runout Distance)与体积浓度 C_v 的关系(CDA,2020)

表 3.1 溃坝泥流常用本构模型

流体本构模型	方程式
Bingham 模型	$\tau = \tau_y + \mu_B \dot{\gamma}$;τ_y 为屈服应力,μ_B 为塑性黏度,$\dot{\gamma}$ 为剪切速率
Herschel-Bulkley 模型	$\tau = \tau_y + K \dot{\gamma}^n$;τ_y 为屈服应力,K 为刚度系数,$\dot{\gamma}$ 为剪切速率,n 为流动指数,$n \leqslant 1$
Bagnold 膨胀体模型	$\tau = K \dot{\gamma}^n$;K 为刚度系数,$n > 1$
库伦混合模型	$\tau = C + \sigma_n \tan \psi + K \dot{\gamma}^n$;C 为颗粒内聚力,σ_n 为剪切面上的正应力,ψ 为颗粒内摩擦角,K 为刚度系数

尾矿库溃坝尾砂泥流与泥石流同为固液两相流,其物理特性与流变本构模型由尾砂颗粒级配、库容坝高、筑坝工艺、溃坝模式等因素主导。以指导正常状态尾矿库应急管理为导向,尾砂泥流运移机制及其灾害影响超前评估应基于特定库容、坝体形态、溃坝模式等假设前提,在事故未发生时,超前预测溃灾泥流

影响范围及其破坏影响程度。

3.2　溃坝灾害影响 SPH 模拟方法及实现

3.2.1　SPH 方法原理

SPH 方法的基本思想是将流场离散成一系列具有质量、密度、黏度等独立属性的粒子,粒子之间不存在网格关系,而是由支持域内相邻粒子物理属性共同定义。这一过程通常通过函数的光滑近似逼近实现,即宏观变量函数使用积分形式 $F(r)$ 表达:

$$F(r) \cong \int_\Omega F(r')W(r - r',h)\mathrm{d}r' \tag{3.1}$$

式中,h 是光滑长度,即相邻两个粒子之间作用距离;r 是代表粒子的空间坐标矢量;Ω 代表由 h 所定义的求解域;$W(r-r',h)$ 是光滑函数,又称为插值核函数。

式(3.1)的离散形式如下:

$$F(r) \approx \sum_b^N F(r_b) \frac{m_b}{\rho_b}W(r_a - r_b,h) \tag{3.2}$$

式中,N 是求解域内相邻粒子数目;m 及 ρ 分别代表质量与密度;光滑函数 W 与粒子 a、b 之间距离 $|r_a-r_b|$ 及光滑长度 h 相关,具有归一化、紧支性和狄拉克函数性质等属性。本研究选取 Wendland 提出的五次型光滑函数,其表达式为:

$$W(r_a - r_b,h) = \alpha_D(2q + 1)\left(1 - \frac{q}{2}\right)^4 \quad 0 \leqslant q \leqslant 2 \tag{3.3}$$

式中,$q=(r_a-r_b)/h$,α_D 为归一化常数,在二维问题中取值 $7/(4\pi h^2)$,三维问题中取值 $21/(16\pi h^3)$。

（1）状态方程

采用 Monaghan 提出的弱可压缩状态方程，液体压力与密度之间的关系式如下：

$$P = B\left[\left(\frac{\rho}{\rho_0}\right)^{\lambda} - 1\right] \tag{3.4}$$

式中，B 用于限制密度值的取值范围，当液面高度为 H 时，B 的计算式为 $B = 200(\rho_0)gH/\gamma$。其中 γ 为常数取值 7；ρ_0 为相对密度，取值 1 000 kg/m³。

（2）控制方程

拉格朗日坐标系下动量方程形式为：

$$\frac{\mathrm{d}v}{\mathrm{d}t} = -\frac{1}{\rho}\nabla P + g + \Psi \tag{3.5}$$

式中，P 代表压强；g 为重力加速度，取值为（0, 0, -9.81）m/s²，ψ 为黏性耗散项。部分尾矿坝溃灾案例中，浓度低于 50% 的泥流被认为其水力学特性类似于洪水、泥石流。综合考虑计算效率与适用性，在计算低浓度溃坝泥流时采取由 Monaghan 提出的、在水力学领域常用的人工黏度方法。其动量方程的离散形式如下：

$$\frac{\mathrm{d}v_a}{\mathrm{d}t} = -\sum_b m_b\left(\frac{P_b}{\rho_b^2} + \frac{P_a}{\rho_a^2} + \Pi_{ab}\right)\nabla_a W_{ab} + g \tag{3.6}$$

式中 v 表示速度矢量；Π_{ab} 是人工黏度项，表达式如下：

$$\Pi_{ab} = \begin{cases} -\dfrac{\alpha \overline{c_{ab}}\mu_{ab}}{\overline{\rho_{ab}}} & v_{ab} \cdot r_{ab} < 0 \\ 0 & v_{ab} \cdot r_{ab} > 0 \end{cases} \tag{3.7}$$

式中，$r_{ab} = r_a - r_b$，即粒子 a、b 之间的距离；$v_{ab} = v_a - v_b$，表示粒子 a 与 b 的速度差值；引入可调系数 α 用以控制数值计算中的不稳定性与伪震荡；$\mu_{ab} = hv_{ab} \cdot r_{ab}/(r_{ab}^2 + \eta^2)$；$\eta^2 = 0.01h^2$；$c$ 为粒子声速；$\overline{c_{ab}} = (c_a + c_b)/2$ 代表粒子 a、b 间的声速平均值，$\overline{\rho_{ab}} = (\rho_a + \rho_b)/2$ 代表密度平均值。

在计算高浓度、非牛顿流态溃坝泥流时选取国外学者 Papanastasiou 提出的 Herschel-Bulkley-Papanastasiou（HBP）通用模型，黏度可表示为：

$$\mu_{\text{eff}} = K(\gamma)^{n-1} + \frac{\tau_y}{2\gamma}(1 - e^{-2m\gamma}) \tag{3.8}$$

式中，K 和 m 是常数，γ 表示剪切率、τ_y 屈服应力。当 $n = 1$ 时，HBP 模型即为 Bingham 模型。

在弱可压缩 SPH（Weakly Compressible SPH，WCSPH）计算中各个粒子质量保持恒定，使用密度值波动表达求解质量守恒。SPH 连续性方程的离散表达式为：

$$\frac{\mathrm{d}\rho_a}{\mathrm{d}t} = \sum_b m_b v_{ab} \cdot \nabla_a W_{ab} \tag{3.9}$$

粒子运动方程采用 XSPH 离散形式：

$$\frac{\mathrm{d}r_a}{\mathrm{d}} = v_a + \varepsilon \sum_b \frac{m_b}{\overline{\rho_{ab}}} v_{ba} W_{ab} \tag{3.10}$$

式中，$\overline{\rho_{ab}} = (\rho_a + \rho_b)/2$；$\varepsilon$ 是取值范围 0 ~ 1 的特点参数。

采用 Molteni 与 Colagrossi 所提出的 Delta-SPH 方程，通过引入一个耗散项来减少流场中粒子密度的波动幅度，从而增加 WCSPH 计算求解的可靠度。该方程可写为以下形式：

$$\frac{\mathrm{d}\rho_a}{\mathrm{d}t} = \sum_b m_b v_{ab} \cdot \nabla_a W_{ab} + 2\delta h \sum_b m_b \overline{c_{ab}} \times (\frac{\rho_a}{\rho_b} - 1) \frac{1}{r_{ab}^2 + \eta^2} \cdot \nabla_a W_{ab}$$

$$\tag{3.11}$$

式中，δ 为 Delta-SPH 的耗散系数。

3.2.2　SPH 求解实现与代码介绍

本章 SPH 求解是在开源代码 DualSPHysics 的基础上实现的。DualSPHysics 是一款在 SPH 求解代码 SPHysics 的基础上，由来自西班牙维哥大学、英国曼彻斯特大学等科研机构的研究者共同开发维护的、基于 C++ 与 NVIDIA 统一计算架构（Compute Unified Device Architecture, CUDA）的 SPH 计算求解程序。SPHysics 求解代码使用 ASCII 格式文本形式输出结果，具有可视性与可移植的优点。但伴随而来的缺点是海量粒子大规模运算时，该格式文本比起二进制代码将消耗至少 6 倍的内存，严重降低了计算效率，同时以 ASCII 格式存储数据的读写需要首先将原数据转换，将计算量提高两个数量级，因此精度将大大削减。而 DualSPHysics 求解计算方法为避免上述问题采用二进制文件格式存储数据，这些文件包含粒子属性重要信息，以二进制格式 BINX4（bi4）存储。具体工作流程如图 3.2 所示。

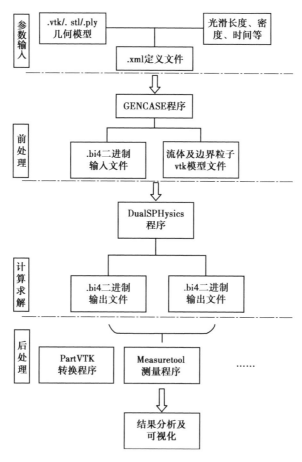

图 3.2　DualSPHysics 数值计算基本工作流程

本书根据尾矿库溃坝泥流的特性,基于 DualsPHysics 求解器改变模型参数,实现溃坝泥流演进的 SPH 模拟。首先根据计算案例自行编写一系列.xml(EXtensible Markup Language)格式的定义文件与 vtk(Visualization ToolKit)格式或 stl(STereoLithography)格式或 ply(PoLYgon)格式的模型文件输入模拟体系及其运行参数,例如光滑长度、密度、相对黏度、重力加速度、时间步长、压力系数、几何形状、颗粒总数、动边界定义等。经过 GENCASE 程序分别生成二进制 bi4 格式输入文件与 vtk 格式模型文件,包含颗粒初始状态(颗粒总数、位置、黏度、密度等)与边界模型信息。之后,由 Linux 操作系统中编写的 sh(Shell script)格式或 Windows 操作系统中的 bat(Batch script)格式批处理执行文件配置运行参数,通过程序计算求解输出二进制 bi4 文件;最终,由 PartVTK、Measuretool、ISOSurface 等一系列后处理程序进行输出结果的后处理与可视化。

3.2.3　运算执行环境

尾矿库占地面积广、地形高差大,溃坝波及范围广,加之下游地形复杂多变,要求用于溃坝影响模拟的几何模型地形分辨率较高,因此数值模拟计算量巨大。经实测生成百万数量级的无网格粒子,个人计算机无法在合理时间内完成计算求解任务,为大规模 SPH 模拟求解带来诸多困难。为解决该问题,国内外学者在处理类似大规模数值模拟计算问题时,常采用高性能计算集簇(High Performance Cluster, HPC)来进行处理求解。HPC 聚集整合高性能计算机、高端硬件或多个单元计算资源,用来高效率执行个人计算机或标准工作站无法在合适的时间内完成的大规模繁重计算任务,例如大数据处理、气候气象、数值仿真、图形渲染等。此外,在计算流体动力学领域常使用高性能图形处理器(Graphics Processing Unit,GPU)与中央处理器(Central Processing Unit,CPU)开展并行计算,以提高计算求解效率。GPU 早期用以图形渲染,在 20 世纪末,随着技术革新 GPU 被引入大型计算领域。相比于 CPU,GPU 具备更强的处理能力与更充裕的存储器带宽,因此计算成本与功耗均低于 CPU。GPU 通过扩充执行单元来提高计算性能,而非改进缓存及控制单元。CPU 不同的运算单元被分配处理不同的计算任务,如逻辑判断、浮点运算、分支等,因而其计算性能因计算任务出现差异。而在 GPU 中不同计算类型由同一运算单元来执行,整型计算能力和浮点计算能力类似。

图 3.3 展示了 CPU 与 GPU 理论计算能力的对比,计量单位为每秒十亿次浮点运算(Giga Floating-point Operations Per Second,GFLOPS)。由此可见,随着计算机科学的飞速发展,CPU 与 GPU 的计算能力均呈现出倍速增长态势,并且 GPU 浮点运算能力远远超过 CPU,更符合大规模 SPH 模拟的求解计算需求。

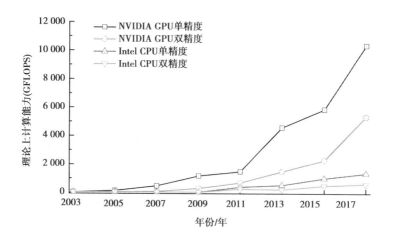

图 3.3　CPU 与 GPU 理论计算能力对比

并行计算是指将一个大型任务划分成若干较小的子任务,并通过一定的算法将子任务合理分配至系统中协同工作的求解处理器,各处理器分别负责各自计算任务并将计算结果汇总,以实现大型任务的高效运算。目前主流的 GPU 并行编程架构包括 CUDA(Compute Unified Device Architecture)与 OpenCL(Open Computing Language)。本书求解代码是基于 CUDA 并行架构实现大规模 SPH 模拟仿真的并行计算。建立模型分别在普通个人电脑、高性能计算集簇 HPC 的 CPU 节点、GPU 节点上执行 SPH 求解程序,以对比求解速度。本书所使用 HPC 平台为合作单位埃克塞特大学的 ISCA 高性能计算集簇,建设耗资约 3 000

万元,将传统的 HPC 集群与虚拟集群环境相结合,在单台机器中提供一系列节点类型,包括传统的高性能计算集簇(128 GB 容量节点)、两个 3 TB 容量的大型节点、Xeon Phi 高速节点以及英伟达(NVIDIA)特斯拉 K80 GPU 计算节点(Tesla K80 GPU compute nodes),为工程、医学、环境等学科研究提供高级计算需求。

综上,本研究中 SPH 计算求解有 3 种运算执行环境,主要配置参数如下:

①ISCA 计算集簇所分配的 CPU 计算节点,搭载 2 个 Intel Xeon E5-2640V3 @2.60 GHz CPU 共计 16 个处理核心,内存类型 DDR4 1600/1866,最大内存带宽 59 GB/s,内存容量 128 GB。

②SCA 计算集簇所分配的 GPU 运算节点,搭载英伟达特斯拉 K80 高性能图形处理器(NVIDIA Tesla K80 GPU),它拥有双 GPU 设计的 4 992 个 CUDA 内核,核心频率达到 560 MHz,通过 GPU 加速提升双精度浮点性能至每秒 2.91 万亿次浮点运算(TFLOPS, Tera Floating-point Operations Per Second)处理速度,提升单精度浮点性能至每秒 8.73 万亿次处理速度,采用 24 GB 的 GDDR5(第五版图形用双倍数据传输率存储器)显存,存储带宽可高达 480 GB/s。

③个人台式电脑,采用 CPU 计算,CPU 型号为 Intel i7-4770 @3.40 GHz,内存为 8 G。

3.3　实验室相似模拟试验验证

3.3.1　尾矿库工程概况

为验证 SPH 方法在处理尾矿库溃坝泥流灾害影响模拟的适用性与计算精度,首先选取实验室相似模拟沟槽试验与 SPH 数值模拟结果进行比对分析。所选用研究案例工程背景为云南省玉溪矿业铜厂铜矿秧田箐尾矿库,矿区位于易门县城西北约 10 km 处,地处云南省中西部,隶属于玉溪市,距离昆明市 70 km。该地区地处云贵高原西部,标高+1 036 m 至+2 608 m,山地地貌占主导,东部、北部、西部三面高山屏立,中部属于溶蚀性盆地地形,东北部为河谷地带,江河沿岸受河流切割影响,山谷相间、地形复杂。主要河流包括绿汁江、扒河,属元江水系。地区属于亚热带气候,年平均气温约 17℃,降雨量约 860 mm,降雨集中在每年的 5 月至 9 月。

秧田箐尾矿库属于典型的山谷型尾矿库,该尾矿库尚处于选址规划论证阶段,拟定选址位置如图 3.4 所示,库区内及坝址地形开阔,尾矿库沟谷宽度较大,沟底为地形平整的耕地,岸坡为梯田,周边地形地质条件良好,适宜山谷型尾矿库设计,堆筑一座尾矿坝拦挡河谷形成贮存尾砂库区,坝址选择在秧田箐村下游狭窄谷口处。设计初期坝(主坝)坝底标高+1 840 m,坝顶标高+1 880 m,坝高 40 m,坝顶长度约 224 m,坝顶宽度 5 m,上游坡比为 1∶1.75,下游坡比为 1∶2。综合考虑尾矿粒度分布、库区条件及经济投入,采用上游法堆筑工艺,沟口坝顶分散放矿开始堆坝,堆积坝外坡比为 1∶4,最终堆积标高+2 010 m。设计有效库容为 1.089 亿 m³,总坝高 170 m。参照安全规程规定,该尾矿库的设计库容、坝高被分级为二等库。

由图 3.4、图 3.5 可以看出,股水村与米茂村正位于该尾矿库下游山谷的东北方向朝阳面山坡,其中米茂村距离库区仅约 0.8 km,坐落于近似直角形的山谷弯道冲沟东北与西南两侧。相比于下游约 1.5 km 外的股水村,米茂村所处位置更加敏感,若不幸发生溃坝事故则极易造成大规模伤亡损失,因此在选址规划论证阶段,对该尾矿库开展溃坝灾害影响预评估与危险性分析具有重要的现实意义。

图 3.4 秧田箐尾矿库与下游居民区分布

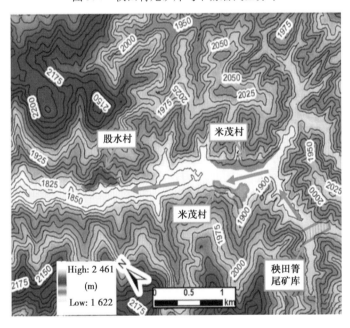

图 3.5 秧田箐尾矿库及下游地形等高线图

3.3.2 相似模拟试验装置构成

以秧田箐尾矿库为工程背景,选取尾矿库区与下游 4 km 范围区域为研究对象,将图3.5所示的下游地形特征简化,按照1∶400的相似比自行研制建立实验室物理相似模拟沟槽实验台,研究分析该尾矿库溃坝后泥流演进过程及其可能造成的后果。

如图3.6、图3.7所示,相似模拟实验台由三部分组成,高度由高至低分别为:①长度3 m、宽度3.048 m、坡度3%的尾矿泥流贮存仓,用以模拟尾矿库区;②坡比1∶4、水平跨度1.604 m的挡板,代表溃坝后泥流加速下泄所流经的尾矿坝坝体;③长度14.85 m、宽度0.65 m、坡度0.5%并且包含直角形转弯的下游沟槽,代表泥流下泄方向的狭长型山谷区域。尾矿泥流在图3.7(a)所示的搅拌装置中搅拌均匀制备完毕后,转移至实验台泥流贮存仓;之后由特制闸门控制尾矿库溃坝启动,泥流在瞬间倾流而出,朝向图3.7(b)所示的下游沟槽流动。预先在坝趾下游沟槽直角转弯处预设图3.7(c)所示的压力传感器及数据自动采集系统,收集溃坝事故各阶段泥流在该点的冲击力数值。借助高清数码摄像机实时记录泥流流态特征,在弯道下游5 m与7.5 m处分别预设标尺读测泥流淹没深度,另外采用泡沫球示踪的方法获取泥流流速。

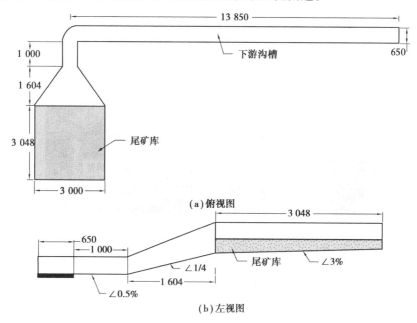

图3.6 相似模拟实验台尺寸示意图(单位:mm)

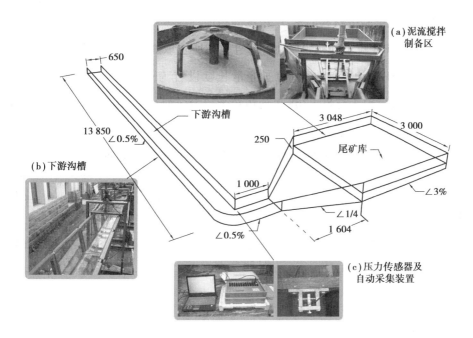

图 3.7　相似模拟实验台装置示意图(单位:mm)

3.3.3　SPH 模拟工作流程

将上述物理相似模拟实验台装置在计算机上通过辅助绘图程序,按照 1:1 尺寸比例重建出三维几何模型,并转换成可移植的.stl 格式文件,如图 3.8 所示。依据溃坝事故历史案例经验,将尾矿库溃坝溃口尺寸设置为 1/2,溃坝形式简化为坝体瞬间溃决。分别在个人台式电脑、ISCA 高性能计算集簇的 CPU 节点与 GPU 节点上运算求解。

图 3.8　相似模拟实验台装置三维几何模型

依据溃坝试验中材料的密度、浓度等物理特性参数(表3.2),通过编写.xml
文件来定义 SPH 粒子的初始属性。综合考虑所选取的三种计算执行环境下的
内存容量与 SPH 计算效率,将粒子光滑长度设置为 0.015 m,最终分别生成
315 983 个边界粒子与 894 768 个流体粒子。为详细对比 SPH 模拟计算结果与
物理模拟试验结果,设置数值计算步长为 0.2 s,模拟总时长 40 s。

表 3.2 缩尺物理模拟试验 SPH 模拟计算主要参数表

参数	符号	数值
尾矿平均密度	$\rho_t(\text{kg/m}^3)$	2 830
泥流体积浓度	$C_v(\%)$	40
泥流平均密度	$\rho_s(\text{kg/m}^3)$	1 732
泥流黏度	$\eta(\text{Pa·s})$	0.05
光滑长度	$d_p(\text{m})$	0.015
重力加速度	$G(\text{m/s}^2)$	−9.81
流体粒子计数	N_f	894 768
边界粒子计数	N_b	315 983
模拟时间	$T(\text{s})$	40
时间步长	$t(\text{s})$	0.2

按照图3.2所示的工作流程图,首先文件定义了模拟任务工作路径、源程序
运行路径及结果输出路径,在前处理阶段,将.stl 几何模型导入求解器,结合包含
光滑长度、材料密度、计算时间步长等参数的.xml 定义文件,通过 GENCASE 程序
转换为可读的粒子空间信息与执行参数.bi4 格式二进制输入文件。之后,由
DualSPHysics 程序计算求解出若干个各时间步骤的.bi4 格式输出文件。最终,通
过 Measuretool 后处理程序来测量各个时间步骤里分别由 PointsVelocity.txt 与
PointsHeights.txt 所定义的粒子移动速度与粒子高度,来表征溃坝泥流流动速度与
淹没深度,通过 Computeforces 后处理程序来测量计算特定边界粒子的压力值,分
别与上述泡沫示踪球、预设标尺及压力传感器实测到的数据对比。

3.3.4 模拟结果分析与验证

（1）运算执行环境计算效率对比

分别在个人台式电脑、高性能集簇 GPU 与 CPU 上执行运算任务,图 3.9 展示出了三种运算环境下该计算案例的运算效率。可见 K80 GPU 运算效率远远高出另外两种运算环境,达到普通个人电脑（Intel i7-4770 @ 3.40 GHz,8GRAM）的近 25 倍,是高性能计算集簇单个 CPU 计算节点（16 核）计算效率的 6.9 倍。使用 GPU 设备能够大大缩短 SPH 运算求解时间,为实现更大规模的真实比例尾矿库溃坝演进 SPH 模拟提供可能。

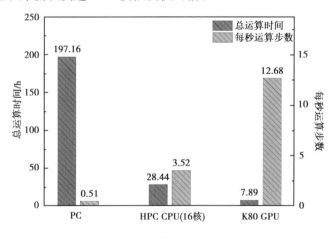

图3.9　三种执行环境下案例运算效率对比

（2）模拟结果分析

图 3.10—图 3.13 列出了在溃坝启动后的不同时间步骤,溃坝泥流在下游沟槽中流动形态的 SPH 模拟结果。可见溃决尾矿泥流分别于溃坝发生后的 1.6 s、3.8 s、4.8 s 与 7.4 s 时刻到达沟槽急弯处、距坝趾 5 m 处、距坝趾 7.5 m 处与沟槽末端。泥流流速分布呈现出以下特征:

①溃口处泥流流速随库容量的减少呈下降趋势。在溃坝发生初期,由于库容量大、溃口宽度有限,泥流聚集在溃口处奔涌而出,并且坝趾至直角转弯处高

差悬殊,因此泥流流速急剧升高,在 $t=1.6$ s 时呈现了超过 3 m/s 的流速峰值。而随着库容量的逐渐减少,该区域流速峰值呈现显著的下降趋势,可见在 $t=7.4$ s 时,流速峰值已不足 2 m/s。

②泥流在到达直角转弯处时流态变化强烈。如图 3.10、图 3.11 所示,高速流动的泥流撞击直角转弯外侧挡板产生反射波浪,泥流立即改变方向转而流向转弯处内侧,能量大幅削减,外侧流速显著降低,转弯处横向流速分布呈现界限明显的条带。之后反射的泥流撞击转弯处内侧挡板,再次产生反射波,波浪朝下游方向演进,逐渐消减进而消失,流速分布条带颜色趋于同化。而在 4.8 s、7.4 s 时,库容量大幅减少、溃口处泥流流速逐渐降低后,直角转弯处的泥流流态也逐渐趋于平稳(图 3.12、图 3.13),流速分布带的界限开始模糊,外侧低流速泥流变窄,推测是由于库容减少、流速降低、泥流淹没深度锐减。转弯处泥流撞击反射现象随之趋于缓和。

③流速分布整体上呈现由龙头至龙尾逐渐衰减的趋势。当 $t=7.4$ s 时(图 3.13),溃坝泥流抵达沟槽末端,下游直线沟槽段中,由于沟槽具有 0.5% 的坡度,泥流前端流速(龙头)显著高于泥流中部(龙身)与后端(龙尾)。流速分布规律与敬小非等人所描述的"龙头、龙身、龙尾"三个阶段一致。流速数值方面,距坝趾 5 m 处流速峰值为 2.41 m/s,与试验中实测流速过程线峰值 2.5 m/s 仅相差 3.6%。

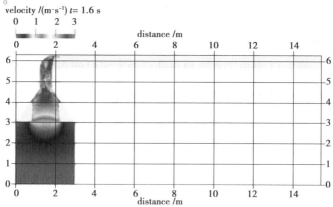

图 3.10　尾矿泥流在沟槽中流动过程 SPH 模拟结果俯视图($t=1.6$ s)

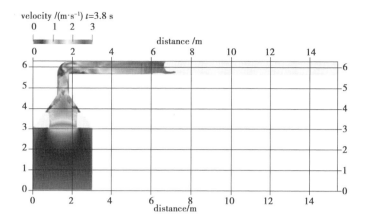

图 3.11　尾矿泥流在沟槽中流动过程 SPH 模拟结果俯视图($t=3.8$ s)

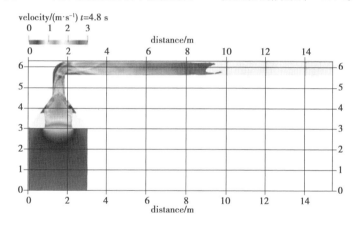

图 3.12　尾矿泥流在沟槽中流动过程 SPH 模拟结果俯视图($t=4.8$ s)

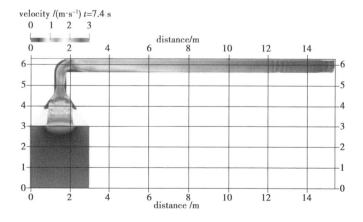

图 3.13　尾矿泥流在沟槽中流动过程 SPH 模拟结果俯视图($t=7.4$ s)

　　泥流达到稳定流动状态时,可观察到在沟槽急弯处流态变化已较为缓和。因离心力作用泥流爬升至挡板内壁,将动能转化为重力势能,虽然外侧泥流流速相比于中部明显降低,但泥流淹没深度大幅升高,将加剧灾害的破坏性,对转弯处的米茂村安全构成严重威胁,并且试验中沟槽急弯内侧能够观察到明显的漩涡现象,如图3.14(a)所示,推测是反射泥流与直角弯内侧缓速流动的泥流互相作用而形成的。该现象与SPH模拟结果后处理抽取的图3.14(b)粒子运移轨迹相印证。

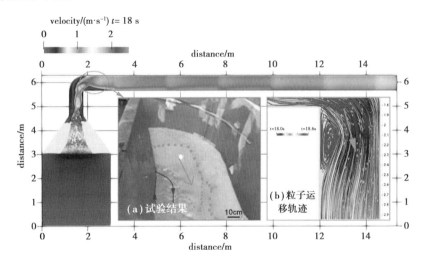

图3.14　急弯处泥流流态对比($t=18$ s)

　　图3.15对比了试验与SPH模拟结果中的泥流淹没深度。可见模拟结果中两处淹没深度峰值的出现时间均稍晚于试验结果,但总体上淹没深度的变化趋势出现高度吻合。同时,淹没深度峰值模拟结果(5 m处峰值10.8 cm、7.5 m处峰值8.19 cm)与试验结果(5m处10.88 cm、7.5 m处峰值7.8 cm)分别仅相差0.7%与5%。淹没深度峰值均出现在泥流流经后的0~10 s内,由此可以推断尾矿库溃坝泥流在向下游演进的早期就能够造成毁灭性的破坏,迅速淹没"头顶库"下游重要设施,导致重大财产损失与人员伤亡。此外,淹没深度呈现由急速增大到峰值波动,再到缓速减小的"小-大-小"分布特征,再次印证了试验过程中所观察到的拖尾衰减现象,淹没深度衰减速度慢,持续时间长,同样会加剧

灾害破坏程度。

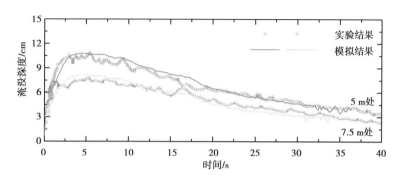

图 3.15　5 m 处(1.6 s 后)与 7.5 m 处(3.8 s 后)泥流淹没深度对比

图 3.16 展示了沟槽急弯处泥流冲击力的试验实测结果与 SPH 模拟结果。试验结果仅采集到了 0~21 s 内的有效数据,并且曲线整体更加圆滑,波动较小,推测与测量传感器的灵敏度有关。而 SPH 模拟得出该区域的冲击力曲线相比之下更加尖锐,数值波动比实测数据更为显著,波动原因可归结为该区域强烈变化的流态在局部所形成反射波流反复冲击。同时,可观察到 SPH 模拟所得冲击力峰值为 21.67 kPa($t=1.8$ s)与 22.96 kPa($t=2$ s),稍高于且迟于试验结果的 19.05 kPa($t=1.32$ s)与 18.92 kPa($t=1.76$ s),但曲线总体变化趋势与试验结果吻合。

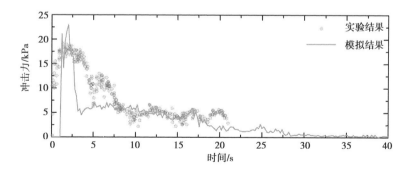

图 3.16　急弯处泥流冲击力对比

综上,可得出结论 SPH 模拟方法在本物理相似模拟案例中得到了较好的验证,可适用于尾矿库溃坝灾害影响分析的模拟仿真。

3.4 巴西 Fundão 尾矿坝溃决事故 SPH 模拟及验证

国内外学者在开展尾矿库溃坝案例的数值仿真计算时,通常将周边地形模型进行简化处理,难以真实地还原库区形态及下泄下游区域的地形地貌特征,数值仿真条件过于理想化,并且多数研究选用传统网格类数值方法。在研究分析溃坝类大变形、带有自由面问题的求解中,可能因算法本身原因使结果产生较大偏差。

基于上述情况,本节选用上述 SPH 无网格类算法,结合卫星遥感获取的地形数据、尾矿库堆筑参数、坝体堆筑工艺以及溃坝泥流特性等基本参数,建立模型模拟溃坝泥流在下游真实地形上的运移演进规律,实现对尾矿库溃坝灾害影响的预评估。本节选定 2015 年 11 月 5 日发生的巴西 Fundão 尾矿坝溃决事故案例为研究对象,划定溃灾研究区域,基于 JAXA AW3D30 全球 DSM 地形数据,结合泄露尾矿量、坝体高度等参数重建包含下游地形的 SPH 模拟三维模型,执行运算并将模拟预评估结果与事故实际发生过程作比对,以验证 SPH 方法在溃坝泥流在真实地形上演进的大规模模拟适用性与计算效果。

3.4.1 巴西 Fundão 尾矿坝溃决案例

2015 年 11 月 5 日,巴西 Minas Gerais 州 Samarco 铁矿 Fundão 尾矿坝因小型地震触发原本已接近饱和的超高坝体液化溃决,泄漏约 3 200 万 m^3 尾矿。该起事故的原因、过程及后续影响已在前文第 2 章详细介绍。图 2.9 展示了事故发生之前(2015 年 10 月 11 日)与之后(2015 年 11 月 12 日)的 Landsat 8 卫星图像对比,下游约 5 km 外的 Bento Rodriguez 村庄被淹没,事故造成至少 19 人丧生、16 人受伤,溃坝泥流涌入下游的 Gualaxo 河与 Doce 河,污染了 650 km 河流并最终汇入大西洋,引发巴西历史上最严重的环境灾害。

3.4.2　Fundão 溃坝事故 SPH 模拟验证流程

如何构建溃坝事故发生前包含库区库容、坝高及下游真实地形的 SPH 模拟三维几何模型是开展本次模拟的关键步骤之一。本节地形数据来源于全球卫星遥感数字表面模型（Digital Surface Model，DSM）。首先在地理信息软件中剪裁研究区域、提取地形 DSM 栅格数据，再转换为三维几何模型。之后再根据事故报告中所描述的坝体参数与泄漏库容量，在几何模型编辑软件中重建出溃坝事故发生前尾矿坝及库区三维几何模型。Fundão 坝体在溃决前标高达到+900 m，溃坝事故共泄漏尾矿 3 200 万 m³，约为总库容的 61%。图 3.17 展示了溃决坝体、发生泄漏的库区、泥流波及范围以及下游重要设施分布情况。将重建库区及坝体几何模型与周边地形 DSM 融合重建，生成如图 3.18 所示的 SPH 模拟三维几何模型。由于划分研究区域范围广，设置计算步长 2 s，模拟总时长 1 800 s。综合考虑所使用高性能计算集簇 GPU 计算设备 NVIDIA Tesla K80 的性能与计算效率，设置光滑长度 3 m，将研究区域三维几何模型转换为无网格粒子，最终生成 18 132 290 个边界粒子、2 987 759 个流体粒子。

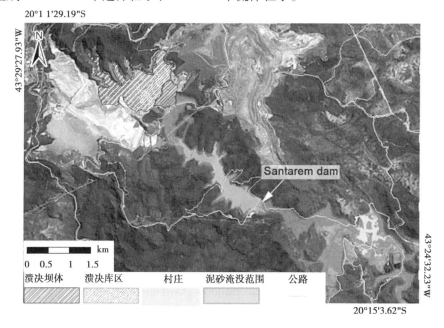

图 3.17　Fundão 溃坝事故发生位置及影响范围

图 3.18   Fundão 尾矿坝及下游地形三维几何模型建立

3.4.3   DSM 地形数据来源

数字表面模型 DSM（Digital Surface Model）是由一组平面坐标序列（X，Y）与地表高程（Z）组成的数字地表模型。卫星遥感 DSM 是地理空间建模不可缺少的基础地理数据之一，表征包含地表构筑物高度的地面高程模型。相比于数字高程模型（Digital Elevation Model，DEM），DSM 不仅包含 DEM 的地形高程信息，还包括地表以外的其他地表信息。全球 DSM/DEM 数据主要有 SRTM、ASTER、JAXA AW3D30 等来源。

（1）SRTM 全球 DEM 数据

SRTM（Space Shuttle Radar Topography Mission）即航天飞机雷达地形测绘。航天测绘由于其精度有限，一般只能制作中、小比例尺地图。SRTM 是美国太空总署（National Aeronautics and Space Administratio，NASA）和国防部国家测绘局（National Imagery and Mapping Agency，NIMA）以及德国与意大利航天机构共同合作完成联合测量，由美国发射的"奋进"号航天飞机上搭载 SRTM 系统完成。本次测图任务从 2000 年 2 月 11 日开始至 2 月 22 日结束，共进行了 11 天总计

222 h 23 min 的数据采集工作,获取北纬60°至南纬60°之间总面积超过1.19亿km^{2}的影像数据,覆盖地球80%以上的陆地表面,影像的数据量约9.8万亿字节,经过两年多的数据处理制成DEM。SRTM使用两个雷达天线和单轨通过的方式,运用干涉合成孔径雷达(InSAR)技术进行DEM数据生产。在2014年年底,最高精度的SRTM数据公布于众,可在美国地质勘探局(United States Geological Survey,USGS)网站下载。弧秒(arc second)分辨率全球DEM数据具有约30 m的空间分辨率、垂直精度小于16 m。

（2）ASTER 全球数字高程模型

ASTER全球数字高程模型(ASTER Global DEM)是NASA与日本联合开展的ASTER (Advanced Spaceborne Thermal Emission and Reflection Radiometer)项目的一项成果。ASTER Global DEM全球范围数据拥有90 m分辨率、美国范围内数据拥有30 m分辨率。ASTER使用立体像对和数字图像纠正的方法来生成DEM,两组光学影像来自飞机同一航线不同角度,不同于SRTM的C波段雷达,ASTER使用的可见光和近红外波段受云层影响较大,因此ASTER对其DEM数据产品进行了伪影校正。在2011年10月ASTER全球数字高程模型第二版公开发布,与第一版本相比有显著的改善,在崎岖的山地地形上的表现比SRTM高程模型精度高。该数据同样可在USGS网站下载。

（3）JAXA AW3D30 全球 DSM 数据

"Advanced Land Observing Satellite (ALOS) World 3D 30m mesh" (AW3D30)是一个开源的弧秒(1arc second,等同于约30 m)空间分辨率的数字表面模型数据集,由日本宇宙航空研究开发机构(Japan Aerospace Exploration Agency, JAXA)发射的ALOS(Advanced Land Observing Satellite)卫星于2006—2011年采集。它使用先进的陆地观测卫星"DAICHI"——PALSAR的L波段。JAXA的合成孔径雷达镶嵌数据对全球高程数据是一个重要补充。该数据在

2015 年 5 月开源,可在 JAXA 网站上注册下载。本研究所采用 DSM 数据来自 JAXA AW3D30。

3.4.4 结果分析与验证

根据图 3.19 所示的模拟结果,在溃坝开始第 300 s 时,溃坝泥流流速峰值超过 20 m/s,泥流位于坝体下游约 1 km 处的山谷狭窄处,由于此处地形起伏明显,沟谷坡度相对较陡,泥流重力势能迅速转化为动能导致其流速急剧升高,泥流在此处破坏力较强。根据事故调查报告,此处溃坝泥流流经矿山生产所用运输皮带通道,事故于当天 15:45 发生,该运输皮带在 15:49 即事故发生后的第 4 min 停止工作。并且,可观察到此刻溃坝泥流龙头已抵达坝体下游约 3 km 处的 Santarem 拦挡坝,根据事故调查报告记录,溃坝泥流在此迅速积聚、逐渐漫过但并未破坏该坝体,之后继续向下游演进。

在溃坝开始第 600 s 时,溃坝泥流在 Santarem 拦挡坝大量积聚漫流,可观察到泥流流速分布图中,在该坝体位置之前溃坝泥流流速明显放缓,之后由于地势高差泥流流速再次增大到约 16 m/s。第 800 s 时,溃坝泥流龙头已逼近下游 5 km 外的 Bento Rodrigues 村庄,同时可观察到上游溃坝泥流流动状态逐渐趋于稳定,以平均约 8 m/s 的流速缓慢向下游流动。第 1 800 s 时,Bento Rodrigues 村庄大部分已被溃坝泥流波及,同时可注意到泥流在村庄西南侧"丁"字形山谷处分流成两个支流,一支向村庄正南方向山谷流动,另一支流漫过村庄及其南侧河道后流入东南方向 Gualaxo 河,进而继续向下游水系运移流动,最终汇入 Doce 河并抵达大西洋。由于村庄所处区域地势平坦,溃坝泥流到达此处时流速已不足 5 m/s。SPH 模拟所得泥流流动方向变化及其淹没区域与事故报告及卫星影像所显示实际淹没范围基本一致。

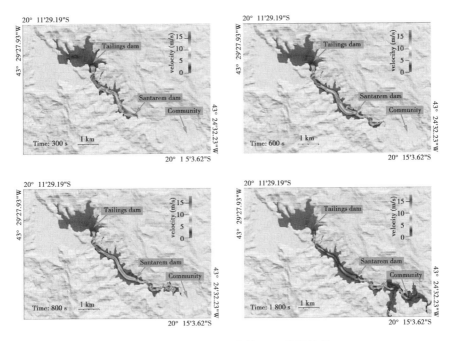

图 3.19 Fundão 溃坝事故 SPH 模拟结果

图 3.20 为 SPH 模拟后处理计算出的溃坝泥流在 Bento Rodrigues 村最低点的淹没深度、流速、冲击力随时间变化曲线。可见溃坝泥流最早于溃坝发生后的第 825 s 时抵达该点，由于该村庄距离库区超过 5 km，且坐落于"丁字形"山谷下游的东北侧，地形坡度较缓，由图 3.19 流速分布可知泥流流速在此处大幅降低。图 3.20 中该点流速值、冲击力与淹没深度均在泥流抵达初期急剧升高，可对村庄建筑物构成较大的威胁。溃坝泥流流速整体呈现出先升高后降低的趋势，峰值仅为 4.5 m/s，出现在溃坝事故发生后的第 1 565 s，冲击力曲线在 13.7—19 kPa 波动，冲击力在到达峰值后整体呈缓速下降趋势；由于该特征点位选取在村庄低洼处，淹没深度随时间持续升高，在 1 800 s 时达到 20.4 m。虽然溃坝泥流抵达该点位时流速相较于坝趾附近已大幅降低，但由于泄漏尾砂体积巨大，泥流淹没深度与冲击力同样具备较大的破坏力，造成大量房屋与重要设施被淹没、人员伤亡，引起毁灭性灾害。

本节提出的以卫星遥感数字表面模型(DSM)地形数据、坝体高度、库容等参数构建包含库区与下游真实地形的几何模型,结合 SPH 方法开展溃坝泥流的大规模三维模拟的方法,经过 2015 年巴西 Fundão 尾矿坝溃决事故的模拟验证,得出泥流影响范围、淹没深度、流速、冲击力等参数,与事故报告所报道的发生过程比对,得到了较好的一致性,表明 SPH 方法适合尾矿库溃坝灾害影响预评估的模拟研究,可尝试推广向国内外高危尾矿库溃坝灾害的风险分析中,指导库区生产规划、应急措施改进与防灾工程的布置。

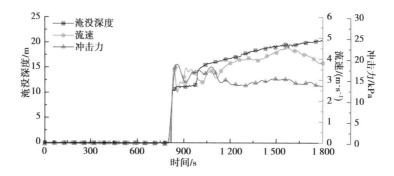

图 3.20　Bento Rodriguez 村庄处泥流淹没深度、流速、冲击力 SPH 模拟结果

4 考虑真实地形的尾矿库溃灾影响预评估方法

地形高差、坡度、坡形等地形因子在滑坡、泥石流、溃坝等地质灾害研究中至关重要。尾矿库发生溃坝灾害时,周围的地形和建筑物分布对泥流运移规律以及灾害预评估结论产生直接影响。崔鹏院士团队在地质灾害领域的研究证明,地形数据精度对数值计算结果影响显著,高程数据 1~2 m 误差可能导致模拟泥流流向较大偏离,如陡壁、陡坡处易出现流速或流深奇异值。综合分析国内外学者对尾矿库溃坝影响模拟研究发现,尾矿库周边的地形因素在研究中涉及较少,可能将导致模拟结果缺少可靠性,甚至得出与事故真实情况相悖的结论。目前市面上可获取的卫星遥感 DSM 地形数据分辨率较低,且采集周期通常长达数十年,无法充分表征出库区周边地形地貌、设施等分布特征,尤其矿区地貌演变速度较快,卫星遥感 DSM 数据通常无法实时更新库区及其周边地形地貌变化。例如,本研究所使用的 JAXA ALOS 全球 DSM 数据仅可达到 30 m 左右的分辨率,采集时间跨及 2006—2011 年,同样为大规模 SPH 的溃坝模拟带来较大的不确定性。本章引入无人机遥感技术实时获取库区周边时效性更强、精度更高的地形地貌数据,构建高分辨率三维几何模型,提高溃灾影响评估的精度与可靠性。

4.1 无人机遥感技术概述

无人机是指不需要驾驶员登机驾驶的遥控或可自主驾驶的飞行载具,最早用于军事侦察机、靶机,经历 21 世纪初期商用市场开发,现已大规模应用于农林植保、地理测绘、安防救援等领域,成为推动传统行业进步转型的强劲技术动力。遥感技术是当前获取地理环境并使其变化信息的首要技术手段。无人机技术与遥感技术、差分定位技术、通信技术、摄影测量算法等前沿技术交叉融合催生了无人机摄影测量技术并使其迅猛发展,该技术可实现空间遥感信息的快速获取与建模分析,相比于卫星遥感耗资巨大、重访周期过长、数据分辨率不足、获取不及时等问题,具有成本低廉、机动性强、数据采集灵活、时效性强等优势,被认为是应对欠发达国家地区遥感数据短缺的有效解决方案,在较小范围或飞行困难区域高分辨率影像快速获取方面具有明显优势,是卫星遥感、航空遥感技术的重要补充。据国外学者评估,无人机摄影测量相比于传统人工测量手段效率高出一个数量级,且数据密度至少高出两个数量级。

4.1.1　无人机平台

无人机平台通常由机架机身、动力系统、飞行控制系统、遥控系统、辅助系统五部分组成。根据动力系统特性无人机可分为固定翼与多旋翼型,固定翼无人机主要依靠延展的固定机翼提供升力,而多旋翼无人机则依靠机臂上若干个电机驱动桨叶协同旋转产生升力。在相同负载的情况下,固定翼无人机续航表现通常显著优于多旋翼无人机,适用于电力巡检、地图测绘等大规模航测应用场景。在起飞场地需求方面,固定翼无人机大多需要开阔场地、平整跑道或弹射器供飞机滑行起降,而多旋翼无人机则相对灵活,只需一小片空地即可实现垂直起降,能够胜任地形复杂区域的测量任务。瑞士 Wingtra 公司推出的 WingtraOne 无人机充分结合固定翼与多旋翼无人机优点,通过固定机翼前端 2 组旋转桨叶驱动实现垂直起降,克服了固定翼无人机起飞场地限制,爬升到指定高度后再切换姿态至固定翼模式巡航,续航时间最高可达 55 min。此外,多旋翼无人机通常可灵活拆卸桨叶,尺寸上更加小巧、便携,更适用于地形复杂地区外业测量。当前市面上常见固定翼无人机主要有深圳飞马机器人公司的 F300、瑞士 SenseFly 公司的 eBee、比利时 Trimble UAS 公司的 UX5、美国 Prioria 公司的 Maveric 等。多旋翼无人机包括深圳大疆创新(DJI)公司的 Phantom 4、M300、深圳飞马机器人公司的 D1000、中国香港 Yuneec 公司的 Typhoon H Plus、法国 Parrot 公司的 Anafi 等,主要技术参数对比如表 4.1 所示。

表4.1　常见消费级无人机参数

型　号	固定翼无人机					多旋翼无人机			
	飞马F300	SenseFly eBee Classic	Trimble UX5	Prioria Maveric	Wingtra WingtraOne	DJI Phantom 4 Pro/飞马 D1000	DJI m300 RTK	Yuneec Typhoon H Plus	Parrot Anafi
质量/kg	3.75	0.69	2.50	1.16	3.70	1.39	3.6	1.70	0.32
翼展/轴距/cm	180	96	100	74.9	125	35	89.5	52	—
电池容量/mAh	—	2 150	6 000	—	6 800	5 870	5 935×2	5 400	2 700
搭载传感器	42-MP Sony RX1RII/20-MP Sony QX1/15MP-Sony RX0/热红外	18-MP WX RGB/多光谱/热红外	24-MP Sony a5100	数码相机/热红外	42-MP Sony RX1RII/20-MP Sony QX1/多光谱/热红外	20-MP 1"CMOS	44-MP Zenmuse P1/LiDAR L1/XTS 等	20-MP 1"CMOS	21-MP 1/2.4" CMOS
续航时间/min	90	50	50	45~60	55	28	55	25	25
最高航速/(km·h⁻¹)	—	90	80	101	57.6	72	82	72	55
信号距离/km	10	3	5	15	8	7	15	1.6	4

根据无人机平台的尺寸大小、载重能力及遥感任务需求,搭载不同类型传感器,其中最为常见的是光学数码相机。无人机采集影像序列经特征选取、影像匹配、点云生成等一系列处理生成遥感数据成果,被称为无人机摄影测量。因使用门槛低、设备成本低、商用软件多样,搭载光学数码相机的无人机摄影测量是当前应用最为广泛的无人机遥感形式,也是本章讨论的重点。另一方面,随着无人机遥感应用场景越来越丰富,无人机平台可搭载的热红外、多光谱、激光 LiDAR、航磁等传感器正朝着微型化、定制化、模块化的趋势演变,在农林植保、海域环境调查、工业排污监测、矿产资源勘查等领域得以应用,受到研究者与从业人员的高度重视。

4.1.2 无人机遥感常规作业流程

基于光学相机的无人机摄影测量是应用最广泛的一种无人机遥感形式。得益于无人机遥感行业技术进步与市场扩张,市面上摄影测量后处理商用软件种类繁多、特色功能各异,主要有俄罗斯 Agisoft 公司的 Metashape(原名 Photoscan)、瑞士 Pix4D 公司的 Pix4Dmapper、法国 Acute3D 公司的 Smart3D 软件(被 Bentley 公司收购后更名为 ContextCapture)、斯洛伐克 CapturingReality 公司的 RealityCapture、意大利 3DFLOW 公司的 3DFZephyr、加拿大 SimActive 公司的 Correlator3D、武汉天际航公司的 DP-Modeler、适普软件与武汉大学团队研发的 VirtuoZo、北京航天宏图公司的 PIE-UAV、香港科技大学团队研发的 Altizure、深圳飞马机器人公司推出的一站式无人机管家等。各类软件在任务配置、运算效率、运行环境、参数设置、输出格式、成果分析及配套软件支持等方面存在差异,而基本原理与操作流程大致相同。

本节以无人机摄影测量为例,介绍无人机遥感数据获取与处理的常规作业流程。如图 4.1 所示,在制订工作计划时,需综合考虑测量区域任务目标与硬件配置,以选定合适的航测参数。地面分辨率(Ground Sampling distance, GSD)

是地面上两个连续像素中心点之间的距离,由相机镜头焦距、相机传感器尺寸、拍摄图像宽度和飞行高度四项参数共同决定,反映最终成果的精度和质量,也代表着最终拼接图像的精细化程度,是无人机摄影测量中最引人关注的关键指标。其值越大,代表重建成果空间分辨率越低、细节越不明显。由图4.2可知:

$$\frac{H}{f} = \frac{\text{GSD}}{a} \tag{4.1}$$

其中,a表示像元尺寸,H表示飞行高度,f表示镜头焦距。

可以推导出:

$$\text{GSD} = \frac{H \times a}{f} \tag{4.2}$$

由式(4.2)可以看出,地面分辨率GSD由飞行高度H、镜头焦距f和像元尺寸a共同决定。当搭载可见光相机选型即镜头焦距与像元尺寸已确定时,若需获得更好的地面分辨率,在满足航测续航能力、影像重叠率需求的情况下,应尽量减小飞行高度。

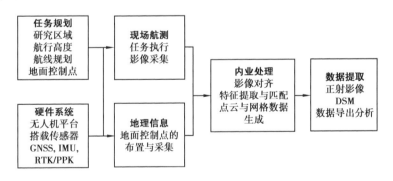

图4.1 无人机摄影测量作业常规作业流程

常用的机载传感器多为数码相机,也可根据应用场景搭载热红外相机、多光谱相机等。部分专业级无人机还可搭载高精度实时动态差分(Real-time kinematic, RTK)辅助设备,降低全球定位(Global Positioning System, GPS)坐标定位误差。与此同时,外业测量通常还需使用易识别标志物标记地面控制点(Groundcontrol Point, GCP),均匀布设在测区易抵达地点,使用高精度全球定位系统（Global Navigation Satellite System, GNSS）量测记录 GCP 坐标点,以进一步保障摄影测量后处理结果的全局精度,确保生成结果的经纬度与实际坐标准确对应。经特征提取、影像匹配、点云生成、结果输出获得测区正射影像图（Digital Orthophoto Map,DOM）、数字表面模型等遥感成果,再借助后处理程序或导入第三方软件提取关键信息、开展进一步数据应用与处理分析。

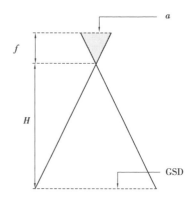

图 4.2　地面分辨率与飞行高度的关系

4.2　考虑真实地形的尾矿库溃灾影响预评估案例研究

4.2.1　尾矿库工程概况

工程研究实例选取山东省某黄金矿山尾矿库,该尾矿库位于低山丘陵区,地势北高南低,区域最高点山体标高+427.8 m,最低点标高+95.9 m,最大相对高差 331.9 m,区内冲沟较发育,其环境卫星图如图 4.3 所示。尾矿库库区最高点标高+215.4 m,位于毗邻山体,最低点标高+120.0 m,最大相对高差 95.4 m。气象条件属北温带半湿润季风气候,气候温和湿润,多年平均气温 12～12.2 ℃,7 月最热,平均气温 25.5 ℃,1 月最冷,平均气温−2.6 ℃。多年平均降水量 680 mm,多年平均蒸发量 1 711.1 mm,雨季多集中在每年的 7、8、9 三个月,占年降水量的 64.5%。春季风多雨少,风沙大,夏季炎热多雨,干热风多,晚秋多干旱,冬季干冷,春、夏两季多南风、东南风,冬季多北风、西北风。相对湿度 69%,初霜期一般在 10 月中、下旬,终霜期一般出现在次年 3 月下旬至 4 月上旬,平均年无霜期 169 d,最大冻土深度 34 cm。地区抗震设防烈度为 7 度,基本地震动峰值加速度为 0.10 g,基本地震动加速度反应谱特征周期为 0.4 s。

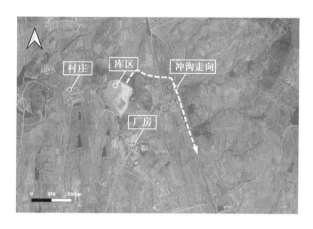

图4.3 研究案例尾矿库周边环境卫星图

根据岩土工程勘察报告,库区不存在滑坡、泥石流等不良地质作用,场地及其附近未发现全新活动断裂、发震断裂,地质条件稳定性良好。同时,该库区周边未分布国家级自然保护区、重要风景区、国家重点保护的历史文物和名胜古迹,无其他工矿企业,附近无铁路干线通过,无通信线路等设施。周边主要分布农田坡地、树林等。尾矿库西侧直线距离约 220 m 处为村庄,地面标高约为+161 m,该村庄与尾矿库之间被库区西侧山坡相隔,所处位置相对安全,预期不会受到尾矿库溃坝灾害事故直接影响。尾矿库南侧直线距离约 200 m 处为企业厂房,与尾矿库之间被山体相隔。尾矿库东侧下游 600 m 处为南北向小河流,属季节性河流,旱季干枯,雨季形成溪流。该尾矿库平面图如图4.4所示。

尾矿库设计总坝高 50 m,总库容 162.7 万 m³,为四等尾矿库,堆存方式为湿排,排放方式为坝前均匀放矿。初期坝为碾压堆石坝,坝顶标高 132 m,坝高 12 m,顶宽 3 m,坝内外坡比均为 1∶2.0,内坡设反滤设施。在库区南侧设置副坝,副坝采用碾压土石坝坝型,坝顶标高 170 m,最大坝高 15 m,顶宽 3 m,内外坡比均为 1∶2.0,坝内坡设置防渗层。在外坡坝脚标高 156 m 处设置堆石棱体,棱体外坡比为 1∶1.75,内坡比为 1∶1.5,顶宽 1 m。后期堆积坝采用上游式筑坝方式,终期坝顶标高+170 m,每级子坝高为 3 m,外坡坡比为 1∶2.5,顶

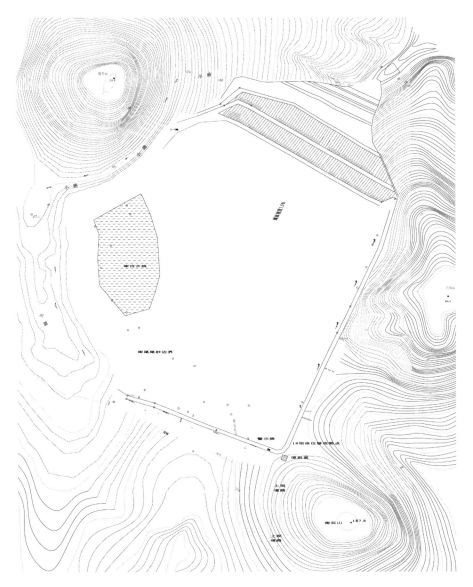

图 4.4　尾矿库平面图

宽 4.5 m，形成总外坡比为 1∶4.0。坝外坡设置纵、横向排水沟和排水边沟，采用种植草皮护坡。该尾矿库已设置坝体位移观测、浸润线观测、库水位观测等监测系统，如图 4.5 所示。

图 4.5　尾矿库位移观测设施

4.2.2　尾矿库无人机多源遥感数据采集与处理

本书所使用的无人机平台为大疆经纬 M300 RTK 无人机,其中 RTK 是指实时差分定位技术,理想情况下水平精度可达 1 cm+1 ppm,垂直精度达 1.5 cm + 1 ppm,满足高精度数据获取需求。

无人机由两块电池供电,装载电池后质量为 6.3 kg,单次飞行时间可达 55 min,可实现单块电池的热插拔,即更换电池时无须将无人机关停,可大幅提高作业效率与连续性。工作时最大飞行速度为 17 m/s,可承受 7 级风,防水等级为 IP45,可在恶劣环境下作业。同时还具备六向避障功能,水平方向避障最短距离为 70 cm,垂直避障最短距离为 60 cm,保障了设备作业的安全性。拥有 SKYPORT 接口,可搭载大疆禅思 P1(图 4.6)、禅思 L1(图 4.7)、禅思 H20 系列、禅思 XT S、禅思 XT2、禅思 Z30,以及基于 DJI Payload SDK 开发的负载。

所搭载的传感器主要有大疆禅思 P1 可见光全画幅相机、大疆禅思 L1 激光 LiDAR 模块。禅思 P1 可见光全画幅相机有效像素 4 500 万,像元大小 4.4 μm,搭配三轴云台,可保障航摄过程传感器的稳定性,拍照角度抖动量为 ±0.01°。

同时,全画幅相比于残幅相机传感器尺寸更大,可在相同影像重叠率的情况下,大幅提高数据采集效率及质量。禅思 L1 配备可见光镜头及激光 LiDAR 传感器,可同时采集可见光数据和 LiDAR 点云数据,可见光镜头的传感器尺寸为 1 in(2.54 cm),有效像素 2 000 万。激光 LiDAR 使用多回波模式,最大支持 3 回波,最大点云数据率达 480 000 点/s。无人机同时集成全球定位系统和惯性导航系统,在航测时可根据航线规划路径,自主变速飞行校准惯性导航,以达到厘米级定位精度。

图 4.6　大疆经纬 M300RTK 无人机搭载大疆禅思 P1 镜头

图 4.7　大疆经纬 M300RTK 无人机搭载大疆禅思 L1 激光 LiDAR 传感器

（1）无人机遥感可见光数据采集与处理

使用大疆禅思 P1 可见光全画幅相机对尾矿库进行了两期航测采集，分别为 2021 年 9 月 9 日和 2021 年 10 月 21 日。摄影测量数据采集流程包括测区规划、现场布设像控点、航线规划、设置无人机参数以及内业处理等步骤。

像控点采用边长为 1 m 的红黄相间的正方形布旗作为标志。在尾矿库南侧副坝坝顶布设 7 个像控点、3 个检核点，使用中海达 RTK 测得 10 个点坐标，后经处理验证，像控点的平面和高程精度均满足实际工程需求。采用"井"字形规划航线，数据采集的航向重叠度为 80%，旁向重叠度为 80%，飞行高度为 120 m，GSD 为 1.5 cm/pixel，满足高精度摄影测量的要求。像控点布测和航线规划如图 4.8 所示。

图 4.8　像控点布测和航线规划

使用摄影测量重建软件处理采集到的影像数据，具体流程如下：

①原始资料的获取，包括影像数据、GPS/IMU 数据以及控制点数据。检查 GPS/IMU 数据和像片号是否对应，查看影片是否有质量不合格的像片。

②建立新项目，并导入相关数据。如影像信息、经纬度和姿态角信息、相机信息等，如图 4.9 所示。

③获取测区密集点云。根据所输入的数据进行空三解算，可以获得各影像的外方位元素和连接点的三维坐标，其中的连接点构成稀疏点云，并进一步处理通过 SfM 算法生成密集点云，采用稠密匹配的方法获取匹配点，再根据空中

三角计算或前方交汇获取密集点云。密集点云的生成与像控点的匹配如图
4.10 所示。

图 4.9　摄影测量处理步骤——新建项目

（a）密集点云的生成

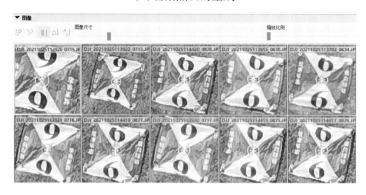

（b）像控点的匹配

图 4.10　获取密集点云

④影像校正并拼接,生成导出数字表面模型(DSM)数据与正射影像数据。根据空三解算出来的相片内外方位元素和测区的 DSM 对航测影像进行正射影像校正,经过校正后的影像不仅改变了投影方式,而且具有相应的地理坐标等信息,然后对其进行镶嵌,从而将所有影像拼接成一幅完整的图像。图 4.11 为所有影像拼接后的效果,可以从局部放大图查看和检验。

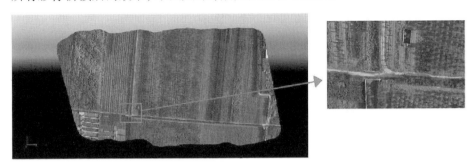

图 4.11　影像拼接效果

⑤无人机遥感成果获取。摄影测量软件导出正射影像与数字表面模型遥感成果,如图 4.12、图 4.13 所示。

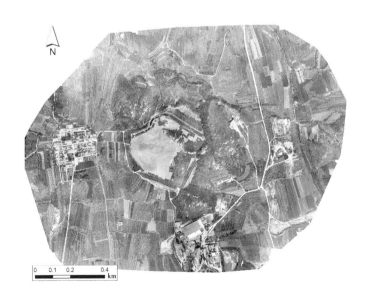

图 4.12　尾矿库无人机遥感正射影像图

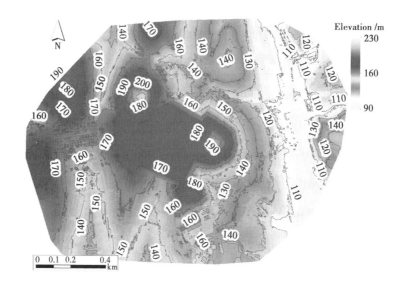

图 4.13　尾矿库无人机遥感数字表面模型（DSM）与地形等高线图

（2）无人机遥感激光 LiDAR 数据采集与处理

①激光 LiDAR 技术介绍。

机载激光 LiDAR 技术最早是欧美一些发达国家为了满足海域制图、港口和港湾测量的特殊需要于 20 世纪 60 年代中期提出并于 80 年代初步开发应用,一直到 20 世纪 90 年代初该技术才趋向成熟。随着对空间数据的需求和应用领域的不断扩大,对获得准确可靠的空间数据要求也越来越高。传统的摄影测量因其生产周期长、费用高、效率低等,已不能完全满足当前信息社会的需要,机载 LiDAR 技术随之孕育而生,正逐步引入摄影测量与遥感领域,提高空间数据的获取效率,缩短测绘作业周期。现今,LiDAR 系统主要分为两大类:机载 LiDAR 系统和地面 LiDAR 系统,机载 LiDAR 系统测量具有灵敏度高、穿透性强、全天候作业等特点。与传统的摄影测量技术相比,机载 LiDAR 系统测量技术不受植被与阴影的影响,且无须布设过多像控点,其单位面积内可获得大量空间三维地表信息,通过加载航测相机获取地面数字影像,具有较好的直线性、单色性、定向性等特点。

激光 LiDAR 主要由发射器、接收器、数据信号处理器和其他配套软件组成，按工作方式主要分为脉冲式和连续波式。脉冲式是机载激光 LiDAR 的常用方式。实际测量过程中，由发射器发射激光束，接收器接收反射激光，根据接收时间与激光传播速度计算出传播距离，结合机载 GPS 与惯导等仪器提供的姿态位置信息，计算出激光点的具体位置信息。

在 LiDAR 系统中，由发射机发出的无线电波射到空中后，一部分经物体或空气反射后，由 LiDAR 的接收系统接收，这部分反射波称为 LiDAR 信号，反映从反射无线电波的物体到 LiDAR 的距离。激光 LiDAR 使用的是由激光器发射的红外线，或可见光，或紫外光。激光测距的基本原理是利用光在空气中的传播速度，测定光波在被测距离上往返传播的时间来求得距离值。具体实现方法有相位法、脉冲法和变频法，常用的是相位法和脉冲法。相位法通过量测连续波信号的相位差间接确定传播时间，脉冲法直接量测脉冲信号传播时间。激光扫描是 LiDAR 的核心，主要由激光发射器、接收器、时间间隔测量装置、传动装置、计算机系统组成。一束激光脉冲一次回波只能获得航线下方的一条扫描线上的回波信息，为了获取一系列激光脚点的距离信息，需采用一定的扫描方式进行作业，目前常用的扫描方式有线扫描、圆锥扫描、纤维光学阵列扫描等。

激光 LiDAR 传感器发射的激光脉冲经地面反射后被 LiDAR 系统接收，能直接获取高精度三维地表地形数据，是对传统航空摄影测量技术在高程数据获取及自动化快速处理方面重要技术补充。机载 LiDAR 系统不仅能快速获取高程数据，而且在遥感测图及其他领域取得了一系列技术突破，在地形测绘、环境检测、三维城市建模、地球科学等诸多领域具有广泛的发展前景。机载 LiDAR 系统与其他遥感技术相比较具有自动化程度高、受天气影响小、数据生产周期短、精度高等技术特点，是目前最先进的能实时获取地形表面三维空间信息和影像的航空遥感系统。由于激光脉冲不易受阴影和太阳角度影响，因此大大提高了数据采集的质量。其高程数据精度不受航高限制，比常规航空摄影测量更具优越性。LiDAR 系统应用多光束返回采集高程，数据密度远远大于常规航空摄影测量,可提供理想的 DEM,大大提高了 DOM 纠正精度,能快速为数字制图和地理信息系统应用提供精确的地面模型数据,使航测制图如生成 DEM、等高线和地物要素的自动提取更加便捷,大大提高航测成图的生产效率,减少生产环节,缩短生产周期,提高成图精度,提供更为丰富的地理信息。

LiDAR 系统获取的激光脉冲点数据可大致分为以下类型:地面点、树高端点、树中端点、桥面点、水域点、建筑物点、噪声点(即粗差点)及其他未分类点等。DEM 仅需要地面点,由完整地块的地面点三维数据构成地面高程模型 DEM。在实践中,应用 LiDAR 软件自动处理掉地表上绝大部分的多余激光脉冲点数据,来获取地面点三维数据信息,构建 TIN 三角网。LiDAR 软件根据脉冲点的高程值将信息分成不同的高差段并赋予不同颜色值渲染成三角网,由此生成的 LiDAR 影像具有非常明显的彩色三维立体效果。再利用程序预处理识别非地面点,如大部分树高端点、树中端点、建筑物点、桥面点等,经人工剔除并归类。经剔除归类后所剩余 LiDAR 点云数据即为地面点数据,可处理生成不包含地面附着物的高精度 DEM 与地形等高线。

与航空摄影测量技术相比,机载 LiDAR 技术具有以下主要优势:

a. 机载 LiDAR 系统本身是一个主动系统,从理论上讲,可以全天候工作。而常规可见光摄影测量系统则是一个被动系统,要求具有良好的天气条件,诸如能见度、太阳高度角等,通常只能在白天进行航摄作业。

b. 由于多回波激光 LiDAR 对植被具有一定的穿透能力,因此利用机载 LiDAR 系统可以获取植被覆盖区域的较高精度的地形表面数据。如果采用常规可见光摄影测量技术,则需要作业人员进行人工介入,采用预先调绘或者测量植被高度的方法来获取地形表面数据。

c. 机载 LiDAR 高程数据精度优于航空摄影测量方式所获取的高程数据精度。采用航空摄影测量方式所获取的高程数据精度与航高成反比,而航高对机载 LiDAR 高程数据精度影响相对较小。

d. 机载 LiDAR 航测的作业时长与成本远小于传统的可见光摄影测量。采用机载 LiDAR 技术完成数据航测采集,借助软件处理数据即可完成全部作业,获取 DSM、DEM 地形模型更加高效、快捷。

②激光 LiDAR 数据采集与处理。

首先进行航线规划,无人机载禅思 L1 激光 LiDAR 波束需覆盖到尾矿库及周边研究区域,设置重叠率为40%。

使用无人机仿地飞行模式(图4.14),即无人机读取预先导入的粗略地形数据,根据规划航线与地形起伏自主改变飞行高度,确保飞行高度与研究区域被摄面维持一定的相对高度,避免由于地形高差过大导致数据采集重叠率不足的问题,如图4.15所示。仿地飞行高度设置为相对被摄面80 m。

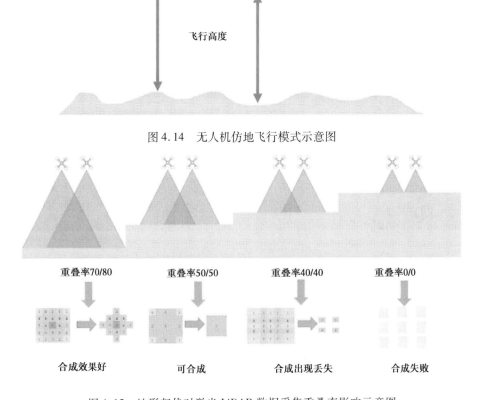

图 4.14　无人机仿地飞行模式示意图

图 4.15　地形起伏对激光 LiDAR 数据采集重叠率影响示意图

使用多回波模式,获取激光 LiDAR 穿透植被在地面上反射的回波,在后期处理中消除植被的影响。

具体作业流程如下:a. 传感器参数设置,主要包含 LiDAR 传感器和无人机航测平台的参数设置;b. 数据采集,需要使传感器及无人机保持静止状态并持续 5 min 以上,确保获得更多静态定位,便于后期平差处理;c. 无人机航测平台"8"字飞行与惯导初始化,"8"字飞行目的是让惯导更快进入稳定状态,待"8"字飞行结束后方可正式数据采集;d. 开始采集,"8"字飞行结束后,航测平台自主开启激光 LiDAR 点云数据和影像数据采集;e. 停止采集,航线执行完毕,无人机返回降落,数据采集完成。本研究中无人机航测作业时长约 40 min,相比于可见光摄影测量的作业时间大幅缩短。

将激光 LiDAR 数据导入第三方软件,重建完成后导出点云数据,如图 4.16 所示。经过专门的点云处理软件进行点云分类处理后,就能得到不同类型的点云文件,如高植被、中高植被、低矮植被、建筑物、地面点等(图 4.17)。

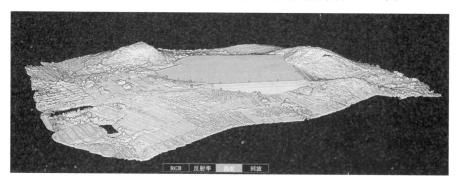

图 4.16　预处理过后的点云数据(按高度显示)

导出地面点云数据,提取生成不包含地表植被等附着物的地面真实地形即数字高程模型 DEM(图 4.18)。

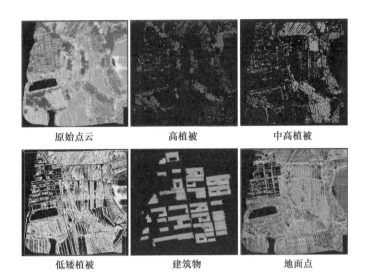

原始点云	高植被	中高植被
低矮植被	建筑物	地面点

图 4.17　经分类处理后的点云文件

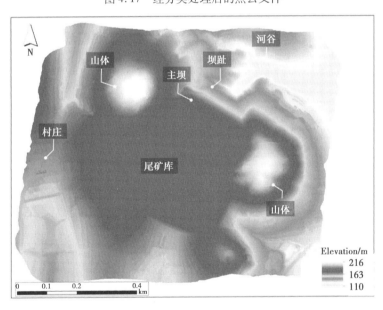

图 4.18　研究区域无人机遥感数字高程模型(DEM)成果

4.2.3　考虑三维真实地形的溃灾影响预评估模拟及分析

基于尾矿库设计资料、无人机遥感地形与正射影像数据、尾矿浆流体动力学分析结果,本节选用 Bingham 模型来表征极端情况下尾矿库溃坝泥流的运移演进行为。将无人机激光 LiDAR 采集处理得到的数字高程模型 DEM 数据按照 1∶1 的比例转换为. stl 格式三维几何模型,再植入 DualSPHysics 开源计算求解程序,按照库容、实测坝高等参数建立溃坝泥流的流体模型,完成溃灾模拟的建模工作(图 4.19)。

图 4.19　尾矿库 SPH 模拟三维几何模型建立

　　为方便对溃坝泥流演进的描述,在图上选取 4 个溃灾分析重点关注点位 P1—P4,其相对于尾矿库库区及周围建(构)筑物位置分布如图 4.20 所示。其中,P1 位于坝脚处;P2 位置为尾矿库下游沟谷处,位于坝体东侧;P3 为农作物种植大棚,距离尾矿库约 750 m;P4 为厂房及回水池,与尾矿库之间有北双山相隔。在溃坝事件突发、致灾过程无法干预、高风险溃灾警报紧急情形下,尾矿库溃坝外泄泥流在真实地形上的运移演进模拟结果如图 4.21 所示。

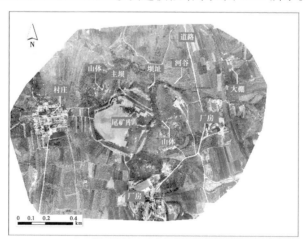

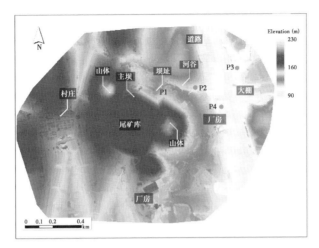

图 4.20　尾矿库周围建(构)筑物及溃灾分析点位位置分布

从图4.21 中可以看出,当溃坝发生 15 s 时,泥流已经淹过 P1 坝脚处,因地形高差大,以超过 12 m/s 的速度高速向下游流动,尾矿浆流速峰值出现在尾矿坝坝趾底部;30 s 时,泥流抵达东侧的下游沟谷入口处,此时泥流开始分支向下游流动,主流流量较大至东侧沟谷,支流流量流速相对较小向北侧地形低洼处流动;90 s 时,下泄泥流抵达沟谷入口对岸,由于流动方向发生变化,泥流迅速爬升至东侧坡面,分别向沟谷的南、北方向流动。而随着库容的迅速减少,流速峰值呈明显的下降趋势。当溃坝发生 150 s 时,泥流到达 P4 回水池处,流速不足 3 m/s;第 600 s 时,溃坝泥流的流量与流速均大幅降低。

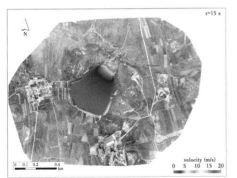

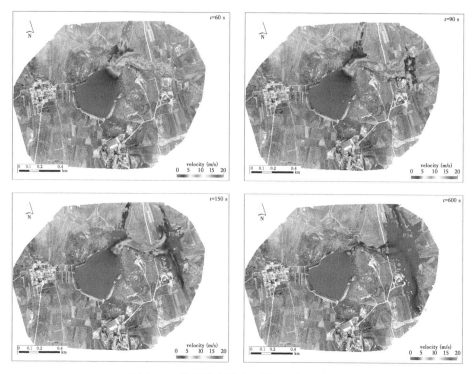

图 4.21　外泄泥流影响区域随时间的变化

图 4.22 展示了溃坝外泄泥流在 P1—P4 处的淹没深度、流速、冲击力随时间的变化曲线。

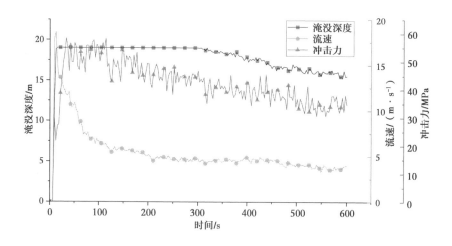

（a）P1 处泥流淹没深度、流速、冲击力 SPH 模拟结果

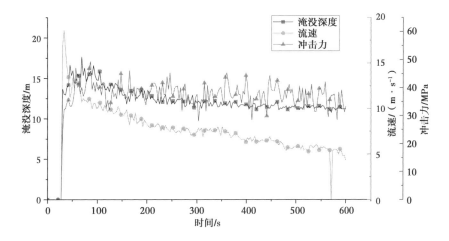

（b）P2 处泥流淹没深度、流速、冲击力 SPH 模拟结果

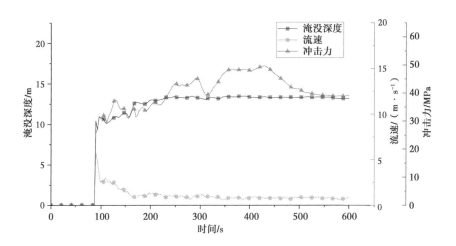

（c）P3 处泥流淹没深度、流速、冲击力 SPH 模拟结果

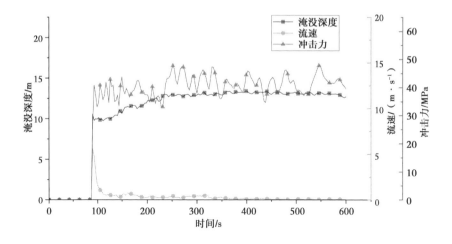

(d)P4处泥流淹没深度、流速、冲击力SPH模拟结果

图4.22　尾矿库下游特殊点处泥流淹没深度、流速、冲击力SPH模拟结果

由于P1点位于尾矿坝坝趾,在溃坝发生后,外泄尾矿泥流在数秒内就先达到P1点,淹没深度最初急剧升高,最深达到19 m,随后逐渐保持平稳,直到溃坝发生300 s左右,淹没深度开始小幅下降,到600 s时降至深度15 m;溃坝外泄泥流流速在初始时达到峰值18.6 m/s,后快速降低之后保持3.3~4.8 m/s的速度;P1点位所承受冲击力峰值出现在33 s时,达到58.3 MPa。可见坝趾处P1点位三个参数的峰值均出现在溃坝初期即50 s之内,推测原因是溃坝模式为极端状况下的主坝坝体瞬间全溃,因该点位于坝趾、与库区高差悬殊,下游高程逐渐减小、山谷地形狭窄,破坏力巨大的泥流瞬间倾泻而出聚集在山谷,致使淹没深度、流速与冲击力较快达到峰值。

P2点位于尾矿库下游沟谷处,与库区距离较近且高差大,在溃坝发生30 s时,泥流已抵达该点,流动速度达到峰值18.6 m/s,随后逐渐减小,在第69 s时,埋深达到最大值,为17.6 m,后慢慢减少并保持12 m的平稳深度;冲击力于87 s达到峰值,为49.4 MPa,后一直在28.1~49.4 MPa波动。溃坝泥流经过P2点位后,流向P2点位东侧对岸,泥流流速随着地形高程增大而减小,随后产生分支分别流向南北方向低洼的沟谷区域。

P3 为距尾矿库约 750 m 的农作物种植大棚,可知溃坝泥流最早于 90 s 到达该点,此时淹没深度为 10.4 m,由于该点选取在下游沟谷低洼处,淹没深度随时间逐渐增大,到 13.3 m 左右保持平稳;泥流流速在该点位的峰值为 5.7 m/s,出现在刚抵达该点位的时刻,随后逐渐减小至 0.9 m/s 保持稳定,虽然该点距尾矿库较远,但冲击力在泥流到达该点后逐渐上升,于 429 s 达到峰值,为 49.7 MPa。可以推断,虽然溃坝泥流在到达该点时泥流流速相较于坝趾附近已大幅降低,但由于尾砂瞬间泄漏体积巨大,泥流淹没深度与冲击力同样对该点位有较大破坏力。

P4 为厂房及回水池,该点位于库区东侧,距离尾矿库库区直线距离较小,但两者之间有山体阻隔。溃坝泥流抵达该点位后的瞬时淹没深度达到 10.6 m,后随时间逐渐增大至 13.3 m 左右保持稳定,淹没深度与流速变化趋势与 P3 点位类似,流速峰值仅为 5.5 m/s,后逐渐减少趋于停止流动。该点位冲击力于 252 s 时达到峰值,为 47.7 MPa,随后在 34.7 ~ 47.7 MPa 波动。虽然在该点处的泥流速度已明显降低,但淹没深度和冲击力同样可能造成厂房建筑物的损坏,在制订溃坝灾害应急管理预案与防范措施时需充分考虑该点位,建立与厂房管理人员的高效预警通报与协同应急机制。

根据无人机多源遥感信息所获取的尾矿库周边地形与道路可通行的最新状况,参照尾矿库溃坝灾害影响预评估数值仿真结果,矿山管理人员对尾矿库紧急避灾线路图作出了必要的更新优化,如图 4.23 中粗线箭头所示。主坝避灾线路为由各级子坝道路向西侧较高地势方向;东侧、南侧副坝根据人员具体所处位置,分别按照现场避灾线路标识牌的提示,向南侧坝体道路和西南侧坝体道路,向地势较高处逃生避险。

根据以上模拟结果分析可知,在溃坝事件突发、致灾过程无法干预、高风险溃灾警报等紧急情形下,尾矿库溃坝灾害应急响应时间短,大流量的溃坝泥流以较高的流速向下游流动,流动速度受地形高差、地形特征等因素的影响,在坝脚、下游沟谷入口处呈现峰值。因坝脚附近及下游沟谷内无居民区、厂房等人员密集区或重要设施,预计溃灾泥流将不会造成人员伤亡等危害,但将对下游沟谷周边的农业生产设施、厂房、回水池造成一定程度的损害。为尽可能减少溃坝灾害不可避免时可能引发的财产损失,溃坝灾害影响的预评估与应急处置方案还需要开展更加深入、科学的研究论证。

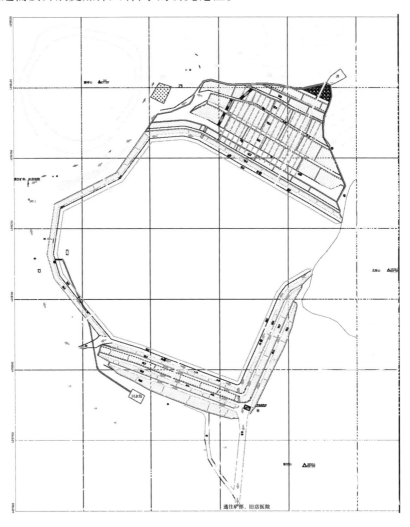

图 4.23 尾矿库避灾线路图(粗线箭头)

5 溃灾泥流拦挡坝防范措施效果分析

根据"安全第一、预防为主、综合治理"的安全生产方针,开展尾矿库溃坝泥流拦挡缓冲工程的研究,对深入认识溃坝灾害特征与次生灾害防治具有重要的现实意义。在溃坝事故无法避免的情况下,预先制订措施最大限度地降低灾害损失,尤其是对高危害性、不具备搬迁条件的"头顶库"灾害防范措施制订意义重大。尾矿库溃坝灾害在国内外频繁发生,频次远远大于普通水坝,然而针对溃坝灾害防范措施相关防护工程方面的研究并不多见。

在研究防护工程对泥石流流动特性影响时,多采用模拟试验与数值模拟方法进行研究。日本京都大学里深好文等学者应用模型试验和数学分析方法,对不透水型拦挡坝设置地点与泥石流的运动、堆积过程进行验证,分别建立了泥石流的运动、堆积控制方程式,分级建立数值模拟实验模型,并对颗粒粒度在时间变化的条件下,计算泥石流的流动或泥石流在高峰时流量的变化与相关数据分析。本章借鉴泥石流拦挡工程的研究方法,采用相似物理模型试验、数值模拟计算相结合的手段,分别研究单级、多级以及不同形态拦挡坝对尾矿坝溃决泥流在下游沟谷中的流动特性的影响规律,为尾矿库溃灾泥流拦挡坝防范措施的效果评估与设计优化提供参考。

5.1 溃灾泥流拦挡坝模型试验研究

5.1.1 试验设置

按照 1∶400 的相似比自行研制建立实验室物理相似模拟沟槽实验台,试验系统包括以下部分:尾矿库库区、溃坝挡板、下游冲沟、制浆搅拌机、冲击力测量系统、流态记录系统、泥浆回收池等。为深入探析不同拦挡工程对尾矿坝溃决泥流流动情况的影响,试验从单级拦挡坝、多级拦挡坝以及不同拦挡坝高度的角度出发,对在拦挡情况下的不同过流断面处的泥流泥深变化过程、冲击力等流动特性进行了系统深入的研究,具体见表 5.1。

表 5.1 拦挡坝试验内容

编号	拦挡坝高度/cm	级数	坝高/cm	拦挡坝位置/m	底面糙率	溃决形态	泥浆浓度/%
1	2	单级	25	0.5	光滑	瞬间全溃	40
2	4	单级	25	0.5	光滑	瞬间全溃	40
3	6	单级	25	0.5	光滑	瞬间全溃	40
4	4	多级	25	0.5,4.0,6.5,9.0,	光滑	瞬间全溃	40

拦挡坝通常是指设置在滑坡体下游,用来拦挡泥石流保护下游安全的坝体,设置拦挡坝的主要目的是拦截泥石流,从而减小泥石流规模与破坏性。泥石流拦挡坝对泥石流的拦挡效果即拦挡泥流能力受坝体高度主导,坝体高度直接决定着拦挡坝所围筑拦挡库容以及溢向下游的泥流量。

通常尾矿坝溃决外泄泥流量巨大,远超过常规情况下所建立拦挡坝库容,因此拦挡坝相当于水利工程中的溢流坝,其作用不在于完全拦挡泥石流,而在于减缓泥石流流速,减弱其破坏力。此外,拦挡坝在石流沟谷布置位置的不同对其拦挡效果也会有较大的影响。

5.1.2 试验结果分析

拦挡坝对溃决泥流运动特性的影响如下。

(1)单级拦挡坝影响下的泥流流态特性

为明确不同高度拦挡坝对尾矿坝溃决下泄泥流的拦挡效果,及其对泥流流速和冲击力的减弱规律,在距尾矿坝坝址50 cm(相当于工程现场200 m)处分别修筑了高度为2 cm、4 cm和6 cm(相当于工程现场8 m、16 m和24 m高)的拦挡坝(图5.1)。本书通过多组尾矿库溃坝模拟试验,深入分析了拦挡坝高度对溃决泥流流动特性的影响。拦挡坝的结构示意图以及单级拦挡坝布置示意图如图5.2、图5.3所示。每种情况进行三组溃决模拟试验,取三组试验结果的平均值来评价某高度拦挡坝的拦截效果。

图5.1 不同高度拦挡坝布置图

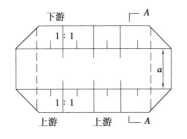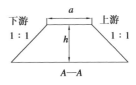

图5.2 拦挡坝结构示意图

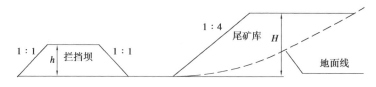

图 5.3　单级拦挡坝布置示意图

图 5.4 列出了在下游沟谷修筑拦挡坝情况下尾矿坝溃决泥流不同时刻拦挡坝处过流断面泥深变化规律。

图 5.4　溃试验不同时刻坝址处流态

在坝址下游附近,由于下泄泥流遇到拦挡坝以及 90°的弯道影响,出现泥流反射现象,导致泥流产生了一个向上游传播的逆流(负波),该负波在向上游传播过程中,不断与溃决来流作用,并相互消散能量,最终消失在来流中。

泥石流拦挡坝坝体的高度直接决定了其对泥石流的拦挡效果,是影响泥石流拦挡泥流体量的决定性因素。拦挡坝修筑越高,形成的拦挡库容越大,拦截的泥流量也就越多,因而冲向下游的泥流量相应地减小,泥流规模的减小,库区下游同一过流断面处的泥流淹没高度也随之降低。由图 5.5—图 5.8 可以看出,拦挡坝的高度对下游同一过流断面处最大淹没高度有较大的影响,当拦挡坝高度为 2.0 cm(相当于现场 8 m 高)时,在库区下游 5.0 m(相当于现场 2 km处)过流断面处的泥流最大淹没高度达到了 12.6 cm(相当于现场 50.4 m 高),但是当拦挡坝高度上升到 6.0 cm(相当于现场 24 m 高)时,则库区下游 5.0 m处的最大淹没高度降低到 10.4 cm(相当于现场 41.6 m 高)。可见,随着拦挡坝高度的增加,尾矿库溃决泥流到达库区下游 2.0 km 处的最大淹没高度降低了将近 9 m。经试验数据拟合,拦挡坝的高度与泥深峰值基本呈线性关系,如图5.6 所示。因此,增加拦挡坝高度可有效地拦截上游泥流量,减小下游的泥浆淹没高度。

同时,随着拦挡坝高度的增加,泥流到达下游同一过流断面处的时间逐渐延后,泥流到达该处后的泥浆峰值到达时间也相应推迟,推后的时间在0.5～1.4 s。考虑相似比设置,该试验现象表明实际尾矿库防灾、减灾工程中,拦挡坝高度增加预期可为下游群众的撤离争取更多的宝贵时间。

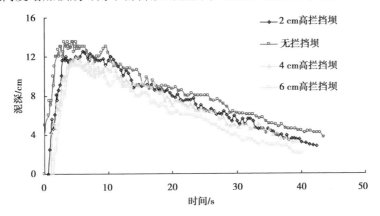

图 5.5　不同拦挡情况下 5.0 m 过流断面处的泥深时程变化曲线

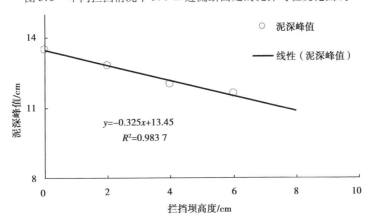

图 5.6　拦挡坝高度与 5.0 m 过流断面处的最大泥深关系曲线

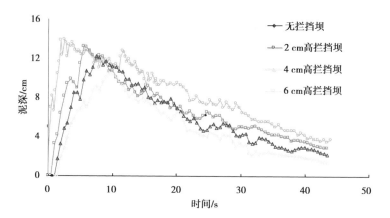

图 5.7　不同拦挡情况下 7.5 m 过流断面处的泥深时程变化曲线

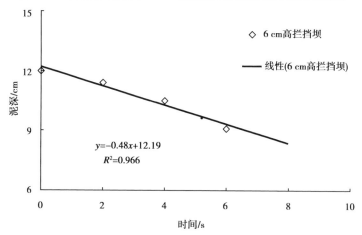

图 5.8　拦挡坝高度与 7.5 m 过流断面处的最大泥深关系曲线

图 5.9、图 5.10 展示了在库区下游修筑拦挡坝,尾矿坝溃灾下泄泥流的流态演化过程。

由图可知,当尾矿坝下泄泥流到达拦挡坝处时,由于拦挡坝高度较小,拦挡坝库容远远小于尾矿坝溃决下泄的泥流量,拦挡坝不能完全拦截住泥流,因而泥流翻越拦挡坝,继续向下游流动。在下游沟谷中修筑的拦挡坝可视为水利工程中的溢流坝,其作用不在于完全拦挡住泥石流。由于泥流流动速度较大,触及拦挡坝瞬间,龙头部分被拦挡坝迅速抬升,形成了巨大的冲击波,龙头部分被拦挡坝抬升到一定高度,而后翻越拦挡坝落在挡坝下游。由于拦挡坝耗散了溃

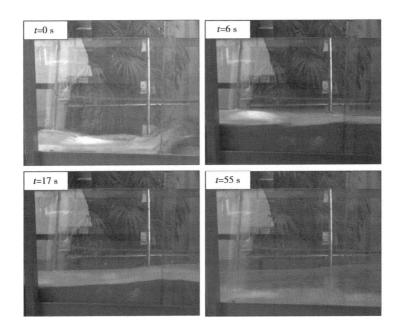

图5.9 溃坝泥流在下游4 m处2 cm高度拦挡坝处的流态演化过程

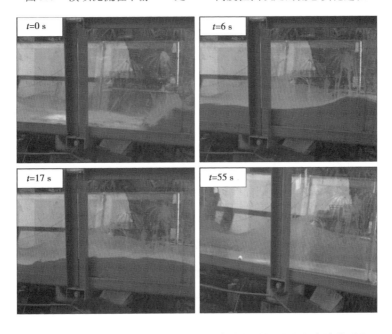

图5.10 溃坝泥流在下游4 m处6 cm高度拦挡坝处的流态演化过程

灾泥流龙头部分的一部分能量,因而当泥流龙头翻越拦挡坝继续向下游流动时,其速度和冲击力强度均已远小于翻越拦挡坝前。随着后续泥流向下游的不断传播,拦挡坝抬升了该处的泥流淹没高度。因而,在设置拦挡坝处的泥深峰值较未设置拦挡坝时要大。

由于修筑拦挡坝,尾矿坝下泄泥流在拦挡坝处形成了一个负波,泥流在向下游流动的过程中,当泥流来流能量大于负波回流能量时,泥流冲击负波,使负波能量持续积聚,坡度逐渐变陡,泥流来流的动能转化为负波势能。体现在宏观上,即负波的高度和坡度都逐渐变高变陡。而当来流能量小于负波回流能量时,则负波的势能又逐渐转化为动能,负波向上游不断传播,随着泥流的不断运动,负波的坡度逐渐减小,直到负波消失。同时发现,拦挡坝的高度越高,在此处形成的负波坡度也越大。由此可知,拦挡坝高度越大,所在处泥流翻越拦挡坝所耗散的能量也就越大,所在处泥深峰值越大,泥流所形成的负波越明显,则拦挡坝下游的流速和冲击力将大大减小。该现象印证了拦挡坝高度与拦截效果的相关性。但若要达到更好的拦截效果,势必使坝体设计尺寸加大,不利于拦挡坝的经济性与安全性。

为构筑更加合理的尾矿库溃灾防范设施,使防治工程起到较好的作用,应将多种治理措施综合使用,取长补短发挥各项优势,得到综合治理的效果。例如,可考虑在下游沟谷处修建泥流导流渠,将经过拦挡坝减缓后的泥流流体引向安全区域等。

从 6.0 cm 高拦挡坝拦截泥流过程可以知道,在泥流流动过程中,负波向上游传播的距离约为 1.0 m(相当于工程现场情况 400 m)。因此在这个区域内,泥浆的淹没高度较未设置拦挡坝情况都要高。因而,拦挡坝修筑位置的选择必须考虑上游地形地貌和上游建筑物分布情况。拦挡坝应修筑在重要建筑物和人口密集区的上游,且应避免修筑在重要设施和建筑物下游 1 km 范围内。

（2）多级拦挡坝影响下的泥流流态特性

为了明确拦挡坝数量对尾矿坝溃决下泄的泥流的拦挡效果,以及对泥流流

速和冲击力的减弱规律,分别在距尾矿坝坝址 0.5 m、4.0 m、6.5 m 以及 9.0 m
处(相当于现场 200 m、1 600 m、2 600 m 及 3 600 m 处)布置高度为 4.0 cm(相
当于现场 16 m 高)的多级拦挡坝。多级拦挡坝示意图如图 5.11 所示。通过数
组溃决试验,系统研究拦挡坝数量对溃决泥流流动特性的影响规律。

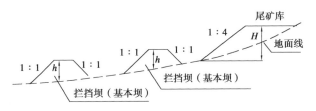

图 5.11 多级拦挡坝示意图

通过多组试验得到多级拦挡坝作用情况下的溃决泥流的流态特性如下:

从图 5.12—图 5.14 中可以看出,在坝址下游 0.5 m 处(相当于现场 200 m
高)只修筑 4.0 cm 高(相当于现场 16 m 高)单级拦挡坝情况时,一旦尾矿坝溃
决,则泥流到达库区下游 5.0 m(相当于现场 2.0 km 处)过流断面处的最大泥深
达到了 11.6 cm(相当于现场 46.4 m 高),而在库区下游修筑多级拦挡坝时,在
库区下游同一过流断面处的最大泥浆高度降低了约 5.0 m,泥深峰值为 10.4 cm
(相当于现场 41.6 m 高),表明在库区下游沟谷修筑多级拦挡坝可明显降低下
游区域的泥深最大淹没高度。同时,在修筑多级拦挡坝情况下,泥流到达库区
下游 5 m 处的时间较修筑单级拦挡坝时的泥流到达时间延后了 0.5 ~ 1.0 s,意
味着在溃灾事故不幸发生的情形下,下游群众撤离至安全区域的疏散时间将
延长。

因此,修筑多级拦挡坝不仅可以有效地降低泥流淹没高度,还可延迟泥流
到达时间。在库区下游沟谷修建多级拦挡坝,是减小下游淹没范围、减弱下游
灾害程度更为有效的防范措施之一。

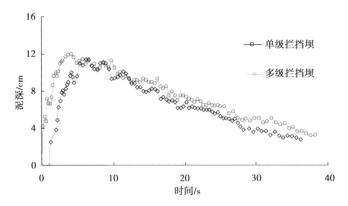

图 5.12　下游 5.0 m 处的泥深时程变化曲线

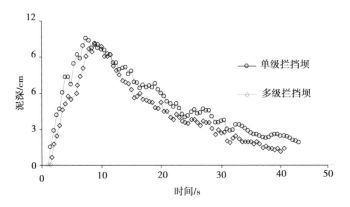

图 5.13　下游 7.5 m 处的泥深时程变化曲线

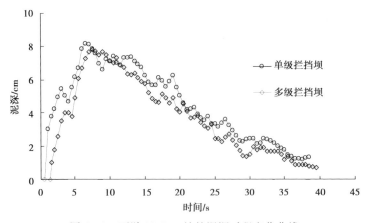

图 5.14　下游 10.0 m 处的泥深时程变化曲线

5.1.3　拦挡坝缓冲效应试验研究

在尾矿库下游修筑拦挡坝,与在滑坡泥石流地带修筑拦挡坝有一定的区别,在泥石流发生区域修筑拦挡坝,主要是拦截滑坡形成的泥石流体,起到保护下游不受泥石流灾害的影响,而在尾矿库下游修筑拦挡坝,实质上相当于水利工程中的溢流坝,由于一般情况下,尾矿库溃决形成的泥流流量巨大,水利工程中的拦挡坝不能完全拦截溃决形成泥流,仅仅起到了减缓泥石流流速,减弱其破坏力的作用。

根据试验方案,本研究采用动态应变仪对修筑拦挡坝后的溃决泥流在流动过程中的冲击力以及流速进行了测试,并将测试数据整理成图形。

（1）修筑单级不同高度拦挡坝后冲击力变化规律

图 5.15 展示了修筑单级不同高度拦挡坝后,尾矿库下游 1.5 m 处（相当于现场 600 m 处）的溃决泥流冲击力的变化情况。根据本次研究的试验结果可知,在下游布设拦挡坝后,库区下游 1.5 m 处的溃决泥流冲击力时程曲线与未布设拦挡坝情况时的冲击力曲线形态相似,都表现为前端较陡,后端相对平滑,冲击力峰值出现在泥流龙头段,而后迅速减小。这表明龙头段较后续泥流的冲击力要大,且冲击过程是在较短时间内完成的。

冲击力峰值出现在泥流到达该处后的 0~4 s,而后随着泥流不断地向下游传播,泥流的冲击力也逐渐衰减,并都出现了拖尾现象。冲击力的大小直接决定了溃坝灾害对下游的破坏力强度。在无拦挡坝情况时,溃决后泥流到达下游 1.5 m 处的最大冲击力达到了 14.1 kPa,而当在下游 0.5 m 处布设了 2 cm 高（相当于现场 8 m 高）的拦挡坝后,泥流的最大冲击力则降低到 11.6 kPa,布设拦挡坝前后,冲击力减小了 2.5 kPa。这是因为在库区下游布设拦挡坝,则拦挡坝会拦截冲向下游的一部分泥流量,溃决泥流流向下游的泥流量相应减小。同时,由于有拦挡坝的存在,溃决泥流体冲击拦挡坝时,流体速度被有效削减,该过程也耗散了泥流体的一部分能量,使冲向下游的泥流体速度与携带能量相应减小。在泥流体流动过程中,泥流体的速度直接决定了其对下游建筑物的冲击力大小,故拦挡坝体预期可对下游区域建筑物安全起到一定的保护作用。

从图5.16可以看出,随着拦挡坝高度的不断升高,下游同一过流断面处的泥流冲击力呈逐渐递减的趋势,且减小趋势近似为线性关系。但由于溃坝外泄泥流体量大、最高冲击力达14.1 kPa,仅靠提升单级拦挡坝高度来控制泥流冲击力,势必造成坝体设计尺寸过高,不利于拦挡坝防范工程的经济性与安全性。实际工程中可考虑设计建造多级拦挡坝群,并在拦挡坝下游修筑导流渠,以达到更加科学、合理的溃灾防治效果。

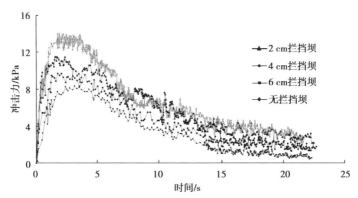

图5.15 修筑单级拦挡坝后库区下游1.5 m处的冲击力时程变化曲线

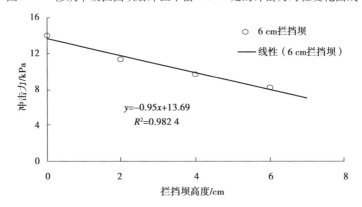

图5.16 库区下游1.5 m处的冲击力峰值随拦挡坝高度的变化关系

（2）修筑多级拦挡坝前后冲击力变化规律

修筑单级拦挡坝和多级拦挡坝后，库区下游 5 m 和 10 m 过流断面处（相当于现场库区下游 2 km 和 4 km 处）的冲击力变化规律曲线如图 5.17、图 5.18 所示。

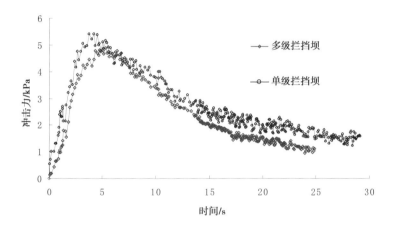

图 5.17　修筑不同级数拦挡坝后库区下游 5 m 处的冲击力时程变化曲线

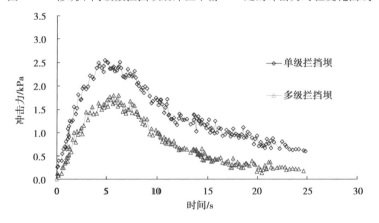

图 5.18　修筑不同级数拦挡坝后库区下游 10 m 处的冲击力时程变化曲线

由试验结果可知，布设多级拦挡坝后，在库区下游 5 m 处溃决泥流冲击力时程曲线与布设单级拦挡坝情况时的冲击力过程曲线形态近似，都表现为前端较陡、后端相对平滑，冲击力峰值出现在泥流龙头段，之后迅速减小，且都出现了较为明显的拖尾现象。

在库区下游沟谷布设单级拦挡坝时,溃决后泥流到达下游 5 m 处的冲击力峰值达到了 5.4 kPa,而当在下游沟谷处布设了三个 4.0 cm 高(相当于现场 16 m 高)的多级拦挡坝后,该过流断面处泥流的最大冲击力则降低到 4.1 kPa,冲击力峰值比单级拦挡坝减小了 1.3 kPa。这是由于在库区下游布设多级拦挡坝后,各拦挡坝均会拦截部分泥流,在下游布设拦挡坝越多,所拦截泥流量越大,向拦挡坝下游流出泥流量随之减少。同时,拦挡坝越多,所耗散泥流体的能量也越多,溃决泥流体的动能相应削减,从而更加有效地保障下游重要建筑物的安全。

由图 5.18 可知,在库区下游布设单级拦挡坝的情况下,坝址下游 10 m 处泥流最大冲击力达到了 2.52 kPa,而布设多级拦挡坝后,该处泥流最大冲击力减小到 1.68 kPa,冲击力相较于单级拦挡坝减小了 33%。这再次印证了布设多级拦挡坝可有效减小溃决泥流对下游冲击力。试验过程同时观察到,尾矿库内贮存尾矿体量庞大,多级拦挡坝亦难以完全拦截溃灾下泄泥流,通过修筑多级拦挡坝拦截溃决泥流虽有一定的拦挡效果,但仍无法完全避免对拦挡坝下游重要建(构)筑物的冲击淹没。在尾矿库溃灾防范工程设计尤其是针对高风险性"头顶库",须采取多种方式对溃灾外泄泥流拦截、排导,在条件允许的情况下,应尽早对下游居民实施搬迁。

(3)修筑多级拦挡坝前后泥流流速变化规律

图 5.19—图 5.21 分别展示了修筑不同拦挡坝情况下,库区下游 5 m 和 10 m 过流断面处(相当于现场的 2 km 和 4 km 处)的溃决泥流体过流速度时程曲线以及流速峰值图。

由图 5.21 可知,库区下游布设拦挡坝前后,溃决泥流在下游各过流断面处的流速变化规律基本相似,基本可分为三个阶段描述:流速加速降低阶段(龙头段);流速稳定阶段(龙身段)以及流速稳定降低阶段(龙尾段)。在尾矿坝溃坝后,泥流到达各过流断面处,均以较高的流速向下游传播,且随泥浆向下游的演进距离而逐渐减小。

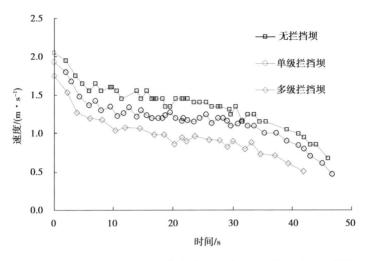

图 5.19　不同拦挡情况下泥流体在库区下游 5 m 处的流速过程曲线

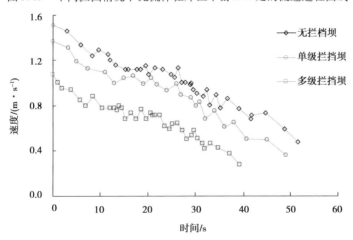

图 5.20　不同拦挡情况下泥流体在库区下游 10 m 处的流速过程曲线

着尾矿坝拦挡坝级数的增多,泥浆到达下游同一过流断面处时的流动速度相应减小。同时,库区下游布设多级拦挡坝的泥流拦截能力大于单级拦挡坝,溃决外泄泥流冲过库区下游相同过流断面后,向下游下泄泥流量也相对较少,致使多级拦挡坝后各过流断面处的泥流流动持续时间大为缩短。布设单级拦挡坝情况时,泥流在库区下游 10 m 处的流动过程中,泥流流动大约持续 50 s,50 s 后泥流流速由峰值降低至约 0.4 m/s。而布设多级拦挡坝后,泥流运动流速从峰值降低至 0.4 m/s 仅耗时不足 35 s。该现象说明随着泥流向下游持续流动,拦挡坝数量对其流速的影响效应被不断强化,修筑多级拦挡坝防护效果明显优于单级拦挡坝。

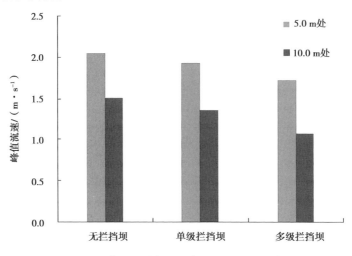

图 5.21　库区下游各过流断面处的流速峰值图

5.2　溃灾泥流拦挡坝形态设计 SPH 模拟研究

5.2.1　溃坝泥流防护拦挡坝模型设计

根据前文模型相似模拟研究,库区下游布置单级或多级拦挡坝预期可有效降低溃灾泥流对下游重要建(构)筑物的破坏力,然而对应到工程实际尺度中,所需建造的拦挡坝尺寸较大,不仅建造成本高、坝体本身也可造成其他的安全风险,而且根据试验现象,大尺寸的拦挡坝同样无法完全拦挡溃灾泥流,仅可发挥类似溢流坝的缓冲作用。因此开展拦挡坝形态设计优化研究,减少坝体建造成本及其安全风险,对在工程实际中设计采用拦挡坝防范措施具有重要的现场意义。

所依托的工程背景为第 3 章第 3 节所介绍的处于设计建造阶段的云南省

玉溪矿业铜厂铜矿秧田箐尾矿库。前文已介绍该尾矿库的基本概况与初步设计方案,设计有效库容为 1.089 亿 m³,总坝高 170 m,根据设计方案可被划分为二等库。尾矿库下游居民区米茂村距离尾矿坝坝址仅 800 m,坐落于直角型山谷弯道冲沟东北与西南两侧的半山腰处。若按照现有设计方案,矿山生产运营逐级堆存至设计库容(1.089 亿 m³),可能对下游建(构)筑物构成一定的安全威胁。根据前文所述的物理相似模拟结论,溃坝泥流在下游沟谷受高速流动泥流的离心力作用,位于东北侧半山腰的米茂村具有被冲击淹没的风险。

建立达到设计库容的库区三维模型,并融入基于卫星遥感 DSM 的库区下游真实地形,分别模拟未采取防护措施以及图 5.22 所示四种不同方式铺设拦挡块体的防护条件下,模拟分析达到设计库容后溃坝泥流在下游真实地形上的演进规律以及淹没范围、淹没深度等关键参数。在尾矿库达到设计满库容的假设情形下,溃坝泥流体积大、流量高,不可能通过下游防灾措施完全拦挡泥流向下游的流动演进,只能尝试通过拦挡坝消除泥流冲击浪,并将冲向下游重要设施的泥流顺利导流至下游安全区域,避免或降低其对重要区域造成毁灭性破坏。基于以上考虑,分别建立三维几何模型,在尾矿库沟谷下游直角转弯处东北侧与西南侧米茂村山脚两处位置铺设上述四种拦挡坝,模拟溃坝泥流演进后果。表 5.2 列出了四种拦挡消浪块体的铺设参数。

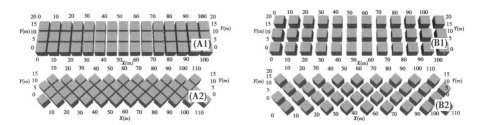

图 5.22　尾矿库下游拦挡消浪块体铺设方式示意图

表 5.2　尾矿库下游拦挡消浪块体铺设参数

编号	块体边长/m	块体间距/m	堆放角度/°	块体总数/块
A1	6	1	0	45
A2	6	1	45	45

续表

编号	块体边长/m	块体间距/m	堆放角度/°	块体总数/块
B1	6	3	0	36
B2	6	3	45	36

块体边长为 6 m,其中 A1、A2 型铺设方案块体间距为 1 m,依次均匀铺设三排块体,坝体横向拦挡宽度均达到 100 m 以上,共消耗 45 块拦挡消浪块体。B1、B2 型铺设方案块体间距设置为 3 m,同样均匀铺设三排块体,横向拦挡宽度达到 100 m 以上,共消耗 36 块消浪块体。A1、B1 型铺设方案的块体堆放角度正对上游沟谷走向(0°),A2、B2 型铺设方案的块体堆放角度设置为 45°。

5.2.2　SPH 模拟条件设置

利用日本宇宙航空研究开发机构(JAXA)公布的开源全球 30 m 空间分辨率数字表面模型(DSM)数据集(JAXAAW3D30),结合下游山谷形态、秧田箐尾矿库设计库容、坝体堆筑形式等,建立该尾矿库达到设计有效库容(1.089 亿 m^3)时研究区域真实尺度三维几何模型(图 5.23)。利用 SPH 方法模拟研究在极端情况溃坝事故发生的假设前提下,溃坝涌出泥流在下游真实三维地形上的流动演进规律。

图 5.23　尾矿库区及下游地形三维几何模型建立

由于研究区域范围面积大,综合考虑本研究所使用高性能计算集簇(High Performance Cluster,HPC)所搭载的英伟达特斯拉 K80 高性能图形处理器(NVIDIA Tesla K80 GPU)计算效率,以及本次数值模拟计算精度,设置光滑长度为 3 m,最终生成 442 237 个流体粒子与 4 936 078 个边界粒子。设置计算步长 2 s,模拟总时长 400 s,在特斯拉 K80 高性能 GPU 处理器上运行模拟任务,单次计算耗时 13 h 52 min。

5.2.3 无防护措施下的溃灾影响模拟

图 5.24 展示了未采取任何防护措施情况下,尾矿库在达到设计库容后溃坝泥流在下游真实地形上的模拟结果。

图 5.24(a)显示溃坝泥流于溃坝发生 50 s 后抵达 1 km 以外的"T"字形河谷的转弯处,泥流顺着地势重力势能转化为动能,该区域流速最高达到 27.6 m/s,出现在尾矿库坝址及其下游方向 450 ~ 800 m 距离的高差较大区域,高流速泥流在"T"字形转弯处冲上位于河谷东北侧半山腰的米茂村,开始淹没村落居民区所在区域。

图 5.24(b)所示在溃坝发生后的第 100 s,高速流动的溃坝泥流在转弯处被划分成两股支流,一股流向东侧高地势方向,流速逐渐放缓直至停止流动,另一股流速同样放缓,转而向西侧地势低洼下游流动,此刻位于转弯处东北侧的米茂村部分已被泥流淹没,西南侧的米茂村村落也已开始被波及。

图 5.24(c)中第 150 s 时,溃坝泥流整体流速大幅降低,开始以稳定流态向下游演进,另外可以留意到在转弯处分支的两股支流流速差异较大,向东侧流动的支流由于地势原因流速放缓已不足 2.5 m/s,而向西侧低地势方向流动支流以约 12 m/s 的流速向下游持续稳定流动,此刻溃坝泥流在转弯东北侧米茂村爬升高度已达到最大,而部分西南侧村落也已被泥流淹没。

溃坝事故发生后的第 200 s,根据图 5.24(d)所示,转弯处向东侧流动支流动能已基本耗散完毕,流速已不足 1 m/s,同时向西侧流动的支流流速相较于第

150 s 时也稍微放缓。此外溃坝泥流龙头已流动至转弯处下游约 1.5 km 处,龙头呈缓平形状头部不显著,携带大流量泥流继续以约 10 m/s 的流速向下游地形低洼处演进。

在第 300 s 时,根据图 5.24(e)显示,转弯处向东侧流动的支流已开始向西侧低地势区域回流,位于东侧的水库水坝将不会受到波及,而朝西侧下游区域演进的泥流整体流速大幅降低,龙头形态因流量降低呈尖锥形,抵达转弯处下游约 2.2 km。

最终,在图 5.24(f)所示溃坝发生后第 400 s 时,达到设计库容的尾矿库库容已基本泄漏完毕,库内泥面标高接近底面高度(+1 872 m),随着库容与库区内泥面持续下降以及流动演进过程的沿途损耗,溃坝泥流龙头流动速度峰值由 $t=50$ s 时的 27.6 m/s 降到 $t=600$ s 时的 2.4 m/s,并且可观察到下游 1.5 km 外位于河谷半山腰的股水村并未受到溃坝泥流波及。

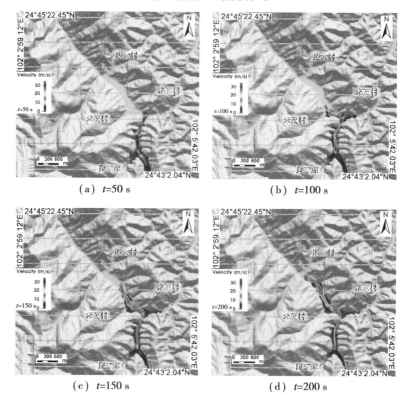

(a) $t=50$ s

(b) $t=100$ s

(c) $t=150$ s

(d) $t=200$ s

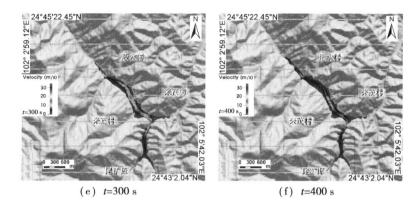

（e） $t=300$ s   （f） $t=400$ s

图 5.24　无防护措施下溃坝泥流演进过程 SPH 模拟结果

5.2.4　不同拦挡坝条件下溃灾影响模拟分析

　　为了进一步了解泥流向下游演进的流动特征，评估溃坝泥流对下游村落的破坏程度，绘制出不同防护措施下溃坝泥流在米茂村在山谷东北侧与西南侧的流速和淹没深度变化曲线，如图 5.25、图 5.26 所示。淹没深度测量点位均设置在村落范围内地势最低洼处，以评估在不同防护措施下村庄可能遭受的最严重的受灾情形。

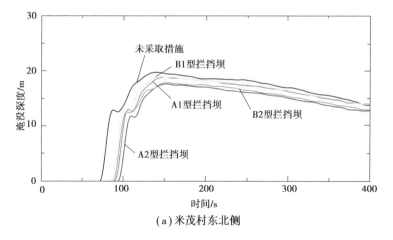

（a）米茂村东北侧

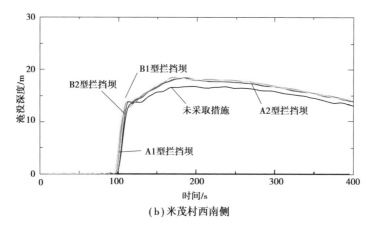

（b）米茂村西南侧

图 5.25　不同防护措施下溃坝泥流淹没深度曲线

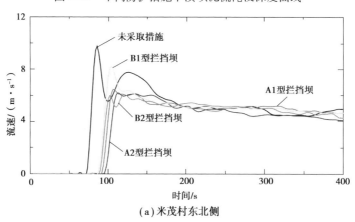

（a）米茂村东北侧

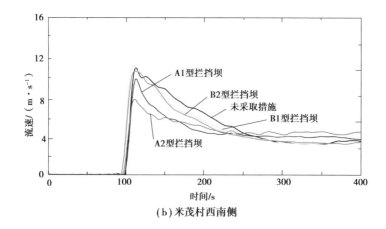

（b）米茂村西南侧

图 5.26　不同防护措施下溃坝泥流流速曲线

以下将使用情景 1（未采取防护措施）、情景 2（A1 型拦挡块体布设方案）、情景 3（A2 型拦挡块体布设方案）、情景 4（B1 型拦挡块体布设方案）、情景 5（B2 型拦挡块体布设方案），分别叙述不同拦挡消浪块体防护措施下的溃坝模拟结果，模拟所得的不同防护措施效果对比见表 5.3。

表 5.3　模拟所得的不同防护措施效果对比

防护措施	抵达时间 t/s		流速峰值/$(m \cdot s^{-1})$		淹没深度峰值/m	
	东北侧	西南侧	东北侧	西南侧	东北侧	西南侧
情景 1	80	106	10.79	11.25	19.93	16.9
情景 2	98	104	7.1	8.21	19.08	18.45
情景 3	102	106	6.92	9.84	17.82	18.45
情景 4	94	102	9.31	11.48	19.12	18.57
情景 5	96	102	6.48	10.98	18.06	18.97

（1）无防护措施下尾矿库溃坝影响规律

由表 5.3 可见，泥流分别在溃坝发生后第 80 s 与 106 s 抵达米茂村的东北侧与西南侧村落，表明在设计库容条件下，溃坝事故若不幸发生后留给下游村庄的应急响应时间非常有限。一旦溃坝预警警报启动，合格的应急响应预案需满足能够在有限时间内疏散受灾区居民，而在地震、暴雨等极端情形下基本无法实现。在 $t = 142$ s 时，山谷东北侧村落的最大淹没深度高达 19.93 m，推测是由高速流动的泥流在转弯处特殊地形下形成的离心现象导致的。根据 JAXAAW3D30 卫星遥感 DSM 地形数据，对照卫星正射影像识别出村落坐落位置，米茂村东北侧村落主要坐落于沟谷转弯的半山腰处，高于位于西南侧村落，比对结果显示山谷东北侧米茂村的最低与最高标高分别为 +1 841 m 与 +1 878 m，可以推断出山谷东北侧是溃坝严重受灾区，大部分地势低洼村落区域都可能受到溃坝泥流的波及。相同地，模拟结果表明泥流将在 $t = 198$ s 时，在位于山谷西南侧米茂村的淹没深度达到最大即 16.9 m，该区域标高区间为 +1 838 m ~

+1 872 m,意味着西南侧低洼区域同样将会受到严重波及。

泥流流速方面,在溃坝事故发生后的第 82 s 时,溃坝泥流流速在东北侧村落达到峰值即 10.79 m/s;在第 108 s 时,溃坝泥流在西南侧村落的流速峰值高达 11.25 m/s。可见两处点位的泥流流速与淹没深度的峰值均出现在溃坝泥流抵达后的 2 min 以内,之后淹没深度呈缓速下降趋势,并且峰值显著高于泥流达到稳定流动状态的均值,表明溃坝泥流强大破坏力主要集中在事故发生的早期。

综上所述,模拟结果显示在情景 1(未采取防护措施),秧田箐尾矿库在达到设计有效库容 1.089 亿 m³ 的前提下,尾矿库溃坝事故发生的早期,下游 1 km 内村落居民区即可能遭受严重破坏,留给灾害应急管理的时间非常有限。

(2)不同防护措施下尾矿库溃坝影响规律

由于研究区域尾矿库向下游河谷的地形高差大,在设计有效库容后大流量、高流速的溃坝泥流迅速涌向狭窄的转弯处村落所毗邻的山谷口,由图 5.25、图 5.26 及表 5.3 可见,四种拦挡消浪坝布设方式下的防护措施效果均不明显。

综合比对下,情景 3(A2 型拦挡块体布设方案)具有相对最佳防护效果。在该拦挡布设方案下,溃坝泥流分别于第 102 s、第 106 s 抵达东北侧与西南侧的村落,抵达东北侧村落测量点的时间相比于情景 1 延缓了 22 s,流速峰值比情景 1 时降低 35.9%,而淹没深度峰值仅降低了 10.6%。

由于西南侧村落所处位置地势低洼,由图 5.24 可见经转弯处反射的泥流顺着地形向下游方向高速演进,各种防护措施下到达该点的时间未出现延缓,反而由于防护拦挡坝的作用,在情景 3、4、5 下溃坝泥流将提前到达该点。情景 3 防护措施下西南侧村落处的流速峰值 9.84 m/s 相比于未采取防护措施情形下降低 12.5%,由于拦挡坝反射作用淹没深度峰值 18.45 m 相比之下反而增加了 9.2%。

此外,情景 5(B2 型拦挡块体布设方案)下,相近的铺设宽度下仅需要 36 块拦挡消浪块体,建造总体投入更低,同样达到了与情景 3 相近的防护效果。可见溃坝泥流抵达东北侧村落时间相比于情景 1 延迟了 16 s,该点流速峰值为 6.48 m/s 相比情景 1 降低了 39.9%,淹没深度峰值 18.06 m 相比之下降低了 9.4%。而在西南侧村落处泥流抵达时间提前了 4 s,流速峰值降低了 2.4%,淹没深度峰值增高了 12.2%。情景 5 即 B2 拦挡块体布设方案下对于山谷东北侧米茂村的防护效果与情景 3 相近。

根据上述本章的模拟结果,可以看出在该"头顶库"达到设计有效库容时,四种不同拦挡块布设方案对于溃坝泥流拦挡效果均十分有限,泥流抵达至下游村落的时间仅仅延缓了不足 25 s,而 A2、B2 型拦挡消浪块体布设方式虽然卓有成效地降低了泥流流速与淹没深度,但溃坝泥流仍然具备较强的破坏力,未能对溃坝灾害可能产生的后果产生决定性影响,这也从侧面说明了"头顶库"问题溃坝风险的棘手性。

拦挡坝的布设需要充分考虑工程现场的地形特征,在下游可能受波及的关键敏感区域附近布设拦挡坝加以保护,将溃坝泥流疏导至下游影响相对较小的"安全区域",最大限度地降低溃坝灾害损失。该方式预期能够成为化解"头顶库"难题、提高矿山灾害应急反应水平的手段之一。对于拦挡坝布设选址方案、结构设计准则及拦挡效果分析还需要更加系统深入的研究,需要充分结合工程实际并考虑建造成本。

6 加筋措施细粒尾矿坝漫顶溃坝行为研究

　　随着采选技术装备进步、作业效率提升,多数矿种矿石采出品位降低,选矿产排出尾矿细粒颗粒占比逐渐升高。铺设筋带通常被作为一种坝体加固形式与溃灾防范措施,用以保障细粒尾矿坝稳定性与堆存高度,且近年来加筋高堆细粒尾矿坝数量逐渐增多,有必要开展加筋细粒尾矿坝漫顶溃坝及其影响规律的研究。

　　有学者通过试验发现筋带对尾矿坝漫顶溃坝侵蚀具有一定的阻滞作用,可减小尾矿坝漫顶溃坝侵蚀破坏影响。然而,对加筋条件下尾矿坝漫顶溃坝破坏规律尚不清晰,大多数溃坝预测模型未考虑筋带的影响,导致对其漫顶溃坝灾害后果预测失准。基于此,为更好地预测加筋细粒尾矿库漫顶的破坏后果,亟须开展加筋尾矿坝漫顶预测模型研究,探析筋-土-水耦合条件下尾矿坝漫顶溃坝侵蚀破坏行为。

　　本章以重庆某尾矿库为工程背景,通过自行研制的漫顶溃坝试验系统进行室内试验,探索溃口发展规律,漫顶侵蚀特征;采用数值模拟方法,利用离散元软件模拟冲刷试验,探析筋带抗侵蚀机理;运用 FLOW-3D 软件,进行加筋尾矿漫顶溃坝模拟;利用理论分析手段,在前人基础上,基于漫顶溃坝机理、泥砂侵蚀等理论建立筋-土-水耦合尾矿坝漫顶溃口发展预测模型。

6.1　筋-土-水耦合条件下尾矿坝漫顶溃坝试验研究

室内模型试验所需的场所较小、经济实惠、试验外影响因素较少,试验不会引发较大的安全问题,已经广泛应用于尾矿坝漫顶溃坝研究领域。为进一步了解加筋细粒尾矿坝漫顶演化规律,通过自行研制的漫顶溃坝试验系统,建立加筋尾矿坝模型(长×宽×高:360 cm×60 cm×130 cm),在筋带与坝顶不同距离的条件下,探究尾矿坝漫顶溃口发展过程,下泄流量变化规律,筋带阻滞水流作用以及抗侵蚀特征,探析筋-土-水耦合条件下尾矿坝漫顶侵蚀机理。

6.1.1　试验模型制备

(1)试验系统介绍

本试验采用自制的尾矿库漫顶溃坝系统,由试验槽、供水系统、监测系统组成。试验槽用于存放尾矿库模型,是物理模型堆积以及成型后的试验场地;注水系统主要由储水系统、水泵、变频仪、供水管道组成,用于模拟尾矿库上游汇流流量,储水系统由玻璃透明水缸充当供水池,水泵与变频仪连接在一起,通过调节变频仪频率来控制水泵转速以达到控制流量的目的,最后由供水管道连接水泵与尾矿库模型的库内,通过管道注入流量模拟库内汇流,在此过程中,供水池保持灌满状态,防止供水池水压变化对水泵的影响。

监测系统由库内水位监测、尾矿库坡面监测、溃口变化监测三部分构成。库内水位监测用于监测库内水位变化情况,根据质量守恒方程,入库流量与出库流量相等,通过库内形状估算库容容积。具体公式如下:

$$I - O = \mathrm{d}W/\mathrm{d}t$$

式中,I 为入库流量;O 为出库流量,即下泄流量;W 为库容;t 为时间。库容 W 根据模型大小可得到公式:

$$W = 60\ 000h^2$$

式中，h 为库内水位高度，单位为 cm，通过测量水位高度，即可计算得到下泄流量大小。库内水位监测方法是由标有刻度的防水贴纸贴于试样室库内内壁，用录像机监测水位位于贴纸的读数，从而得到库内水位深度的变化。

尾矿库坡面监测用于监测漫顶溢流造成的冲沟变化情况，记录整体漫顶溃坝过程。溃口变化监测是测量坝截面溃口变化情况，由垂直钢丝插入冲沟表面测量，测量的钢丝长度即为冲沟深度。漫顶溃坝试验布置图如图 6.1 所示。

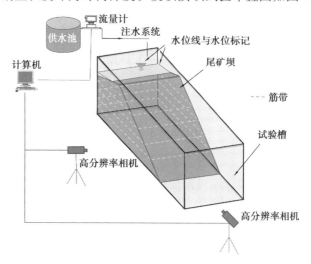

图 6.1　漫顶溃坝试验布置图

(2)试验材料

本次试验材料为赤泥，取自重庆某赤泥尾矿库，属细粒尾矿，在采用筛分法时，由于颗粒较细，试样筛颤动会引起细颗粒尾矿扬起形成粉尘造成部分颗粒损失，导致颗粒级配计算较不准确。因此，为了规避上述问题造成的筛分测量结果不精准，采用激光粒度仪对本次试验尾矿砂进行级配分析，通过对颗粒的反射，收集反射信息分别颗粒粒径，该仪器测量粒径范围广，结果较为精准，是目前采用较多的粒径分析方法之一，所得结果如图 6.2 所示。

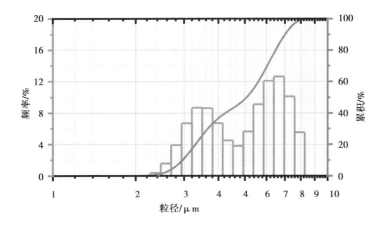

图 6.2 尾矿粒径分布图

通过粒径分析,本试验赤泥中值粒径 d_{50} 为 5.1 μm,其他特征粒径 d_{10} 为 2.9 μm,d_{30} 为 3.6 μm,d_{90} 为 7.0 μm,d_{60} 为 5.6 μm,不均匀系数 C_u 为 1.76,曲率系数 C_c 为 0.79。

土工格栅一般由纤维材料制成,本研究使用玻璃纤维窗纱作为模型试验中的加筋材料。

(3)试验方案

为观测加筋细粒尾矿库的漫顶溃坝过程,设计试验尾矿坝外坡比 1:2,内坡比 1:5,长×宽×高:360 cm×60 cm×130 cm,模型示意图如图 6.3 所示。

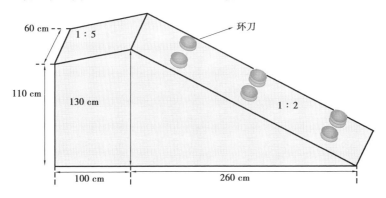

图 6.3 试验模型示意图

设置素尾矿作为对照组[图 6.4(a)],先进行验证试验,发现侵蚀溃口发展到一定程度后,停止侵蚀,溃口深度发展在 45 cm 左右。故在未加筋的基础上,在与坝顶距离 20 cm、30 cm、40 cm 处水平铺设筋带,探究坝顶与筋带距离对溃口发展的影响,具体试验方案设置如图 6.4 所示。

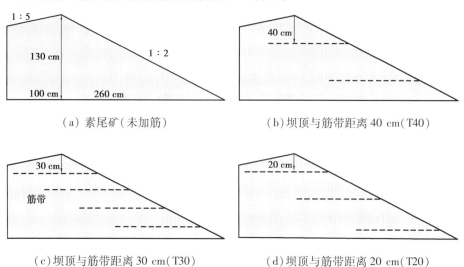

（a）素尾矿（未加筋）　　　　　（b）坝顶与筋带距离 40 cm(T40)

（c）坝顶与筋带距离 30 cm(T30)　　　（d）坝顶与筋带距离 20 cm(T20)

图 6.4　试验加筋方案示意图

（4）试验步骤

①根据《土工试验方法标准》(GB/T 50123—2019)配置 20% 含水率,并采用聚乙烯薄膜密封处理静置 24 h,使材料含水率分布均匀。试验用尾矿材料如图 6.5 所示。

图 6.5　试验用尾矿材料

②尾矿坝模型长×宽×高:360 cm×60 cm×130 cm,在堆筑模型时采用分层夯实法,使用击实锤分层夯实,为确保各处压实度较均匀,在土层上方设置木板使击实受力均匀。每层夯实后,间隔 30 cm 距离,采用 60 mm 环刀在坡面切取尾矿材料称取质量,如图 6.6 所示,保证质量基本一致,参考同类模型堆筑时尾矿密度选值依据,湿密度选取在 2 200 kg/m³,在每层夯实完毕后对表面进行打毛,防止模型出现分层现象。

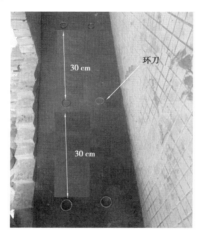

图 6.6 环刀切取土样

③在堆筑过程中,根据设计的试验方案在尾矿坝内部横向铺设筋带,铺设筋带方式如下:先采用环刀对压实土体进行切入,取出后称取环刀质量,若质量接近,则进行打毛处理,再水平放置筋带,待筋带铺设完毕后,再在筋带上层添加一层薄土体后,进行压实与打毛,防止分层影响。

④堆筑完毕后,在库内设置水位标记,安装高分辨率摄像机,分别监测记录水位变化与尾矿坝坝面的侵蚀破坏过程。

⑤待监测设备安装调试完成后,假定库内排水系统故障,打开注水系统向库内注水,待库内水位高于坝顶,水流溢出时即漫顶溃坝开始,监测各项数据。

⑥待试验结束后,重复以上操作进行下一组试验。

6.1.2 筋-土-水耦合条件下尾矿坝漫坝侵蚀破坏过程

尾矿库漫顶溃坝事故的发生一般是由于排洪渠等排水设施堵塞造成,本试验模拟排洪渠等排水设施失效情况下漫顶侵蚀破坏过程,为模拟暴雨情况下尾矿库库内汇流,通过注水系统,持续以 0.5 L/s 向尾矿坝模型库内持续注水,待水位漫过漫顶,即试验开始。

（1）筋-土-水耦合条件下尾矿坝漫坝过程

根据各组加筋尾矿坝漫顶试验结果,此次试验结果并没有对坝基产生冲蚀,为不完全溃坝,这是由于库内水容量较小,冲刷到一定位置后就不再产生侵蚀,即漫顶停止。根据试验现象将筋-土-水耦合条件下尾矿坝漫顶溃坝过程分为五个阶段,即水流溢出阶段、溃口形成阶段、冲沟形成阶段、溃口发展阶段、坝体稳定阶段。

①水流溢出阶段。注水系统持续向库内注水,导致水位持续上升,当库内水位高于坝顶时,水流会从坝顶开始溢出,即漫顶溃坝开始。水流沿坝面冲刷下游,各组试验在此阶段冲刷面基本都接近长条形,并没有展开较强的侵蚀破坏。在假定入库流量不变的情况下,水流由于排水系统的失效无法排出,沿着坡面向下流动,冲刷坝面,在溢出的同时,在水流剪切力与上举力等作用力共同作用下,对坝顶相对薄弱处造成侵蚀破坏形成初始溃口,进入第二阶段即溃口形成阶段。

②溃口形成阶段。库内水流主要从初始溃口汇集流出,下游水流开始呈扇形散开,形成坡面冲刷,不断冲刷坝面,最终形成细小冲沟,进入下一阶段。与此同时,加筋尾矿与素尾矿侵蚀过程基本一致。

③冲沟形成阶段。满库的积水持续通过初始溃口溢出,随着时间的推移,初始溃口与坡面不断受到水流侵蚀,开始向纵向造成侵蚀破坏,逐渐形成一条细小冲沟。随着溃口水流流量增加,冲沟逐渐形成,在下游坡面形成了多级小

陡坎。此阶段侵蚀的主要表现形式由坡面侵蚀转变为下切侵蚀。随着水流持续冲刷,下游坡面呈扇面形状的水流造成较大的冲刷面积,下游冲沟逐渐形成扇形。在加筋尾矿中,筋带也随之露出坡面逐渐暴露在冲沟,由于筋带阻滞水流的作用,冲沟上游方向的水流遇到裸露出的筋带后,部分水流穿过筋带冲刷下游坝坡,也有部分向前飞出冲蚀下游,在筋带处附近形成类似"陡坎"的效果。

④溃口发展阶段。水流继续沿着冲沟冲刷,当冲沟侵蚀达到一定程度后,素尾矿坝溃口出现大面积垮塌现象,冲沟开始大规模横向扩张。下游坡面由细小陡坎发展成为多级较高陡坎,与黏性土石坝漫顶溃坝现象较为相似。由于水流向冲沟内部持续侵蚀,到达一定深度后,两侧岸坡形成危险坡体,导致部分土体大于其抗滑力,从而造成崩塌。在加筋尾矿中,T40 组出现一定程度的崩塌,筋带上部土体被不断冲刷,侵蚀深度加大,筋带上部漫顶溃口出现横向崩塌,溃口逐渐扩大,流量快速增加,冲沟进入发展阶段,整体冲沟形状呈沙漏状,筋带之间的"陡坎"逐渐形成大"陡坎"。筋带与坝顶的不同距离,造成崩塌效果不一,T30 组与 T20 组的崩塌则较为不明显,未出现大规模的滑崩,溃口横向扩展以侵蚀为主,溃口在此阶段明显小于 T40 与素尾矿库溃口,筋带之间的"陡坎"逐渐发展成为大"陡坎",最终"陡坎"发展到筋带附近,而后只存在筋带阻滞水流形成类似"陡坎"的现象。

⑤坝体稳定阶段。随着试验的不断进行,坝体不再有明显的侵蚀破坏与横向发展,坝体破坏程度趋于稳定,进入坝体稳定阶段。根据试验过程,溃口发生大面积垮塌后,库内水流大量流失,水流量也经过峰值,在造成一定的破坏后,库内水量逐渐减小,下泄流量也随之递减,水流流速降低,从而导致水流产生的剪切力减小,同时,坝址处淤积的土体在水流作用下自然沉降并发生固结作用,抗剪强度有较大幅度的提高,水流对尾矿坝的侵蚀破坏效果逐渐减轻。冲沟两侧较不稳定岸坡仍可出现一定的崩塌,但基本趋于稳定。最后,下泄水流剪切力小于尾矿坝抗剪切力,对尾矿坝不再产生侵蚀,坝体趋于稳定,漫顶溃坝即结束。

未加筋尾矿漫顶过程图如图6.7所示。

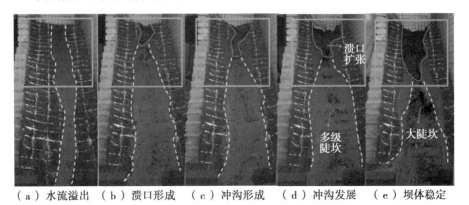

（a）水流溢出　（b）溃口形成　（c）冲沟形成　（d）冲沟发展　（e）坝体稳定

图6.7　未加筋尾矿坝漫顶过程图

坝顶与筋带距离40 cm加筋尾矿坝漫顶过程图如图6.8所示。

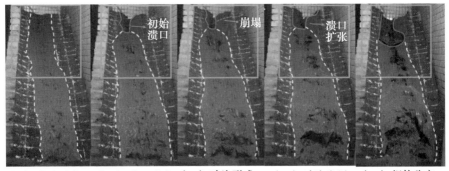

（a）水流溢出　（b）溃口形成　（c）冲沟形成　（d）冲沟发展　（e）坝体稳定

图6.8　坝顶与筋带距离40 cm加筋尾矿坝漫顶过程图

在各组试验过程中,加筋组试验过程的崩塌较未加筋有明显缓解,说明筋带有遏制溃口横向发展的作用,筋带与坝顶距离的不同,遏制效果不一。筋带对水流的阻滞作用最终造成了筋带附近位置的"陡坎"现象,各组试验出现的各级"陡坎"逐渐形成大"陡坎",最终都会发展到筋带附近。

坝顶与筋带距离30 cm加筋尾矿坝漫顶过程图如图6.9所示。

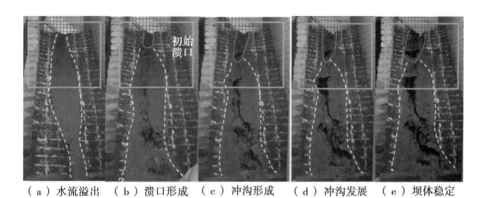

（a）水流溢出　（b）溃口形成　（c）冲沟形成　（d）冲沟发展　（e）坝体稳定

图 6.9　坝顶与筋带距离 30 cm 加筋尾矿坝漫顶过程图

坝顶与筋带距离 20 cm 细粒尾矿坝漫顶过程图如图 6.10 所示。

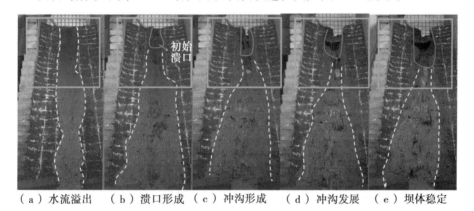

（a）水流溢出　（b）溃口形成　（c）冲沟形成　（d）冲沟发展　（e）坝体稳定

图 6.10　坝顶与筋带距离 20 cm 细粒尾矿坝漫顶过程图

（2）筋-土-水耦合条件下尾矿坝侵蚀特征及分析

①筋带"陡坎"冲刷。

美国学者基于大量土石坝漫顶溃坝试验观察与案例分析,提出了陡坎冲刷理论,认为上下游方向,"陡坎"冲刷应以"陡坎"形式的冲刷为主。未加筋组试验与南京水科院的黏性土石坝试验相似,一般在坝面中下游出现多级"陡坎",而后逐渐形成大"陡坎"。"陡坎"是指河床面在高程上突降,形成瀑布状的冲沟形态。如图 6.11 所示,水流从一定高度飞出形成如瀑布状的临空水舌,而后冲击下方,造成能量和应力集中而出现剧烈的局部冲刷,形成漩涡掏蚀跌水面底部。以此造成跌水面上部临空,极易形成崩塌体,通过崩塌的方式逐渐向上游发展形成大"陡坎"。加筋组的上游以及下游筋带处或附近基本都有"陡坎"现象,如图 6.12 所示。水流沿着筋带加固区向前飞出形成临空水舌,直接冲击坡面下游。在冲击过程中,冲击下游坡面的临空水舌的形成反向漩涡,持续掏刷坡面内侧,即跌水面下方部分;与此同时,随着流量增大,部分水流会通过格栅孔渗出影响跌水面上方,以及跌水面上方的崩塌影响,"陡坎"逐渐向上游发展。

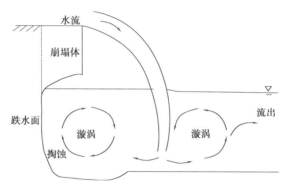

图 6.11 "陡坎"冲刷示意图

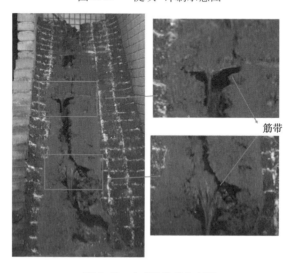

图 6.12 加筋"陡坎"冲刷

②筋带的侧向侵蚀。

筋带的格栅孔与尾矿颗粒之间相互嵌合使得加筋附近区域形成筋带加固区,较难被冲刷。而当水流剪切力变大时,水流冲击筋带,除大部分快速通过筋带前沿流向下游、从格栅孔隙渗出以及对"陡坎"跌水面造成掏蚀外,受到筋带的阻滞,本身会向四周流动,因此会沿着筋带两侧向两侧岸坡冲击,受到岸坡阻挡后形成反向漩涡并沿着筋带对两侧岸坡进行持续掏刷,造成筋带附近横向侵蚀结果较宽、上下游较窄的现象,如图 6.13 所示。

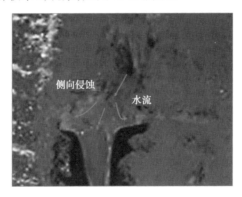

图 6.13 筋带附近侵蚀结果图

③扇形侵蚀。

因初始溃口的存在或冲刷的不均匀,漫顶后的流量分布流场复杂,当经过较不易被侵蚀的"陡坎"坎肩时,若水流流速较小,水流动能不足以飞出"陡坎"或破坏"陡坎"。因此,水流会从坎肩沿着坡面较缓慢流出,出现向下游散开,形成扇形冲刷面,如图 6.14(a)所示。在此期间,水流在冲刷面不均匀冲刷,筑坝材料强度相对较弱的位置更易造成侵蚀,侵蚀速率快,导致该位置更易形成凹坑,接着,水流因坡面地形改变从而受到影响改变运动方式。从结果来看,冲刷面两侧水流冲刷较为平缓,侵蚀并不明显,呈沿程冲刷,水流剪应力主要集中在扇形冲刷面中部,逐渐在中部形成冲沟,如图 6.14(b)所示。随后,陡坎逐渐往上游发展,水流则向中部移动,两端逐渐不再侵蚀,最终中部陡坎与上游冲沟结合形成新的冲沟。

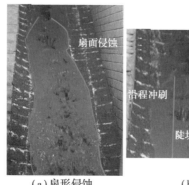
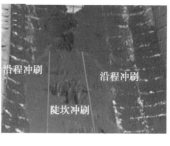

(a) 扇形侵蚀　　　　　　　(b) 沿程冲刷

图 6.14　扇形侵蚀示意图

④冲击侵蚀。

漫顶水流在筋带与坝坡中下游处形成一级或多级"陡坎",当水流经过较不易被冲刷的"陡坎"坎肩或筋带时,若其流速较大,水流动能大,则会飞出"陡坎"或筋带,溢流水舌可能会越过多个"陡坎"冲击下游某一"陡坎"水平面,在冲击过程中受到水平面阻挡形成反向漩流掏蚀跌水面,同时,此过程中持续冲击破坏"陡坎"水平面,若冲击力足够大,则会冲毁下游"陡坎",冲击形成较小冲沟,最终逐渐发展被完全破坏,形成较大"陡坎",如图 6.15 所示。

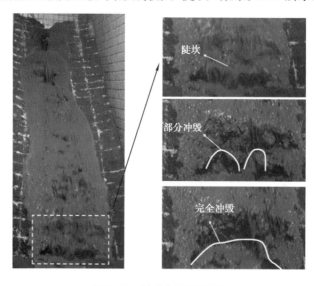

图 6.15　冲击侵蚀示意图

⑤侵蚀引起的崩塌。

尾矿坝漫顶溃坝冲沟岸坡崩塌后,溃口断面面积加大,在库内水量充足的情况下,下泄流量会出现较大增长,对侵蚀量以及下游尾矿浆运动有重要影响。从河流动力学角度分析,尾矿库两侧岸坡崩塌是水流与冲沟相互作用的过程,水流动力条件往往是触发崩塌的重要因素,与河流冲刷河道岸坡具有一定的相似性;从土力学角度分析,岸坡崩塌受水流、土体自重等多种因素的影响,岸坡土体在力的作用下产生应力-应变过程。因此,尾矿库漫顶溃坝的冲沟冲刷问题与河道冲刷有相似之处。

根据其结果,本书认为尾矿库漫顶溃坝冲沟岸坡崩塌类似于河道崩岸的落崩(图6.16)与滑崩。落崩是悬空体脱离原土体,向下跌落的过程。按照其发生机理可分为剪切、旋转和拉伸落崩。

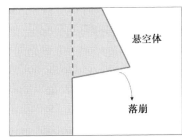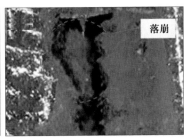

图 6.16　落崩示意图

落崩的形成与水深有关。整个水力侵蚀过程是一个动态的变化过程,下泄流量是随着侵蚀程度、上游库容等变化而变化的,随着水流的持续冲刷,侵蚀深度逐渐增加,冲沟内水位的绝对高程也会变小,逐渐向下发展,使得水位低于冲沟表面,水位以下的冲沟下部以及两侧岸坡继续被冲刷,造成进一步的侵蚀,而水位以上并没造成侵蚀,随着时间推移逐渐形成临空区,此区域就极易造成落崩。

溃口发展图如图6.17所示。

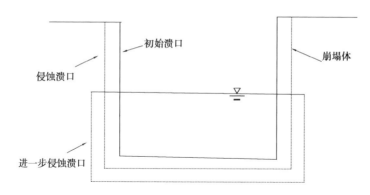

图 6.17 溃口发展图

而在加筋的情况下,筋带有一定的阻滞水流的作用,使得部分水流流向两侧造成两侧掏蚀,从而造成筋带上部形成悬空区,崩塌后的大部分土体随水流冲刷,被携带往下游进行输送,但大部分水流还是通过筋带格栅孔和筋带前方流动,对两侧侵蚀作用较小。落崩多为块体崩塌,具有较强的突发性,但崩塌量较小,对于溃口的横向发展影响较滑崩尚还有一定的差距。

加筋落崩示意图如图 6.18 所示。

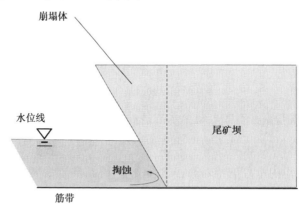

图 6.18 加筋落崩示意图

滑崩是冲沟横向发展的重要方式,其产生机制主要是崩塌体的本身重力引起的滑动力大于滑动面抗滑力从而引起垮塌。随着水流持续对冲沟造成冲刷,携带大量尾矿砂,冲沟深度逐渐发展到一定程度后,冲沟两侧岸坡形成陡峭的高边坡,此时极易发生大规模垮塌,其方式如图 6.19 所示,水流对岸坡下部造成破坏,崩塌体受自身重量影响会出现裂缝,随着侵蚀深度的不断加深,裂缝逐渐变大,崩塌体滑动面面积逐渐减小,造成抗滑力小于滑动力,而陡峭岸坡滑动一般在抗滑力最小、阻力分布又比较均匀的面上发生,会在下部产生滑动面,崩塌体即失去平衡,发生崩塌。

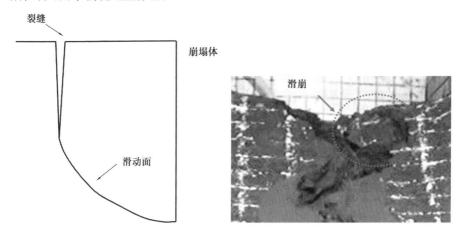

图 6.19　滑崩示意图

试验结果发现,加入筋带能有效遏制横向垮塌发展,随着加入筋带,筋带有较强的抗拉作用,根据加筋摩擦理论,筋带嵌入岸坡土体,筋带格栅与土颗粒之间存在镶嵌与咬合作用,使得与尾矿的摩擦力增强,将筋带沿应变方向铺设可以弥补土体的抗拉强度,增强边坡的稳定性,以此来防止尾矿库、边坡的滑坡、瞬间溃坝。而在漫顶溃坝发生后形成的冲沟,两侧类似于加筋边坡,也达到增强其稳定性的作用,有效地遏制了大规模垮塌。如图 6.20 所示,格栅肋条对土体的摩擦力因法向应力的发展而存在,崩塌体因自身重力产生向外拉力。此时,筋带与土体产生的摩擦力有效克服了它们之间的相互运动,有效减缓了拉力的影响,提高了两侧岸坡的稳定性。根据断裂理论,筋带也有遏制裂隙扩展的作用,使得滑动面不易产生裂隙。

综上所述,借鉴河流岸坡崩岸研究,在尾矿坝漫顶溃坝中,两侧岸坡会出现滑崩与倒崩的垮塌方式。加入筋带,通过增强其稳定性能有效遏制两侧边坡的滑崩,不易发生大规模垮塌。但加筋与否都会出现倒崩,而筋带有一定的促进产生岸坡倒崩形态的作用,但倒崩体土量较小,对横向发展影响较滑崩影响小。

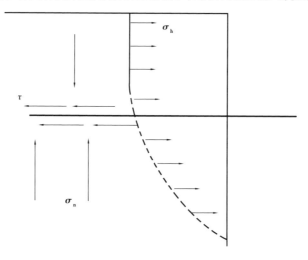

图 6.20　加筋摩擦机理示意图

(3)下泄尾矿浆沉积

尾矿随水流运动时,尾矿颗粒受到剪切力作用,会随着剪切方向进行相应的运动。部分质量较小的尾矿颗粒会随水流上升,悬浮在水流中,这部分被称为悬移质;质量较大的尾矿颗粒,由于自身较重,往往会在水流底部进行滚动或滑动,甚至在水流流速激变时产生跳跃,这部分颗粒就被称为推移质。当然,随着水流流速等变化,推移质与悬移质可能会进行互换,水流变大时,一部分推移质转变为悬移质;水流变小时,一部分悬移质会转变为推移质。

在尾矿坝模型下游建立了尾矿沉积回收平台以便回收尾矿,进行重复利用,在尾矿沉积过程中,如图 6.21 所示,水流受到回收平台场地影响,流速逐渐放缓,在平台处逐渐沉积,可以看到,尾矿沉积分布有明显的分界现象。分界线左侧的尾矿浆较为浓稠,靠近来流方向的尾矿浆呈淤泥状,说明尾矿颗粒沉积较多,而随着沉积距离的延长,到达分界线附近位置,尾矿浆逐渐呈明显的液态。根据推移质与悬移质的特点,随着水流减小,质量较大的推移质最先沉积,悬移质仍随着水流做运动,所以会出现此种情况。由此可见,悬移质会随水流冲击到更远的位置,下泄尾矿浆随着持续的运动,动能会逐渐消耗,水流切剪力逐渐减小,在此过程中,不同质量的颗粒会逐步能够克服水流切剪力,沉积在下游某一位置,这一过程中尾矿浆特性会有明显的变化,如图 6.21 所示中分界线左右的两种形态。

图 6.21　下泄尾矿沉积

6.1.3　筋-土-水耦合条件下尾矿坝漫坝侵蚀试验规律分析

（1）坝顶与筋带距离对溃口侵蚀深度与宽度影响分析

对于库内容量较小或黏粒含量较高的尾矿库,水流漫顶后容易侵蚀不完全,可能会发生不完全溃坝,即溃口处存在残留坝体;若水流充足或黏粒含量小,水流漫顶后会持续造成冲刷,直到溃口达到坝体底部并对坝基进行冲蚀。本次试验结果为不完全溃坝,坝顶溃口只达到中上游,只涉及一层筋带的影响,通过试验发现,筋带位置对溃口发展有一定影响,筋带在不同溃口部位时溃口发展不同。

在试验中,上层筋带设置位于坝顶 20 cm、30 cm、40 cm 处,以下简称 T20 组、T30 组、T40 组,每 30 s 间隔通过细钢丝插入标记坝顶到细钢丝底部的距离,通过测量细钢丝标记位置与底部的长度从而得到溃口最大侵蚀宽度,深度与之同理。

筋带至坝顶距离对侵蚀宽度影响较大,如图 6.22 所示,侵蚀宽度快速增长的部分是岸坡崩塌造成的影响,素尾矿库组有明显大规模崩塌,因此侵蚀宽度增长速率较快,相较于其他组更大,达到 42 cm;T40 组的最终溃口宽度为 38 cm,整体发展过程与素尾矿组结果相近;T20 组与 T30 组最终侵蚀宽度相对较小,其中 T20 最大侵蚀宽度为 28 cm,T30 组最大侵蚀宽度为 20 cm,T20 组略大于 T30 组。根据以上试验结果,加筋尾矿库组最终侵蚀宽度都较素尾矿库组最终侵蚀宽度小,其原因在于筋带对两侧岸坡有约束、加固作用,增强了岸坡的稳定性,使之不易滑崩。T40 组与素尾矿库组结果相近,说明筋带对岸坡加固有一定的影响范围,T40 加筋尾矿库组的筋带与坝顶的垂直距离较远,对溃口整体边坡稳定性影响较小,因此结果与素尾矿库组接近。

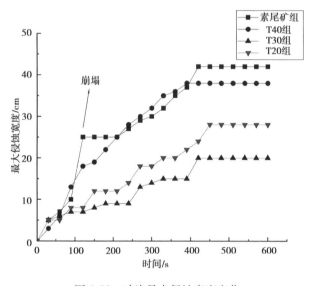

图 6.22 冲沟最大侵蚀宽度变化

在加筋尾矿库组中,T30 加筋尾矿库组最终侵蚀宽度最小,T20 加筋尾矿库组次之,T40 加筋尾矿库组最终侵蚀宽度最大,根据加筋摩擦理论,筋带主要通过与土颗粒之间的摩擦来增强岸坡的稳定性,法向应力大小与筋带长度对筋带摩擦力会产生较大影响,法向应力越大,筋带摩擦力越强,法向应力主要来自筋带上部土体自重,而位于溃口上部的筋带受到的法向应力较位于中部的法向应力小,说明溃口中部与上部加筋对溃口岸坡稳定性影响更大,因此坝顶与筋带距离 20 cm 的横向发展比 T30 加筋尾矿库组结果更大,溃口中部的筋带加固效果更好,因此溃口中部筋带对横向发展影响最大,在实际施工中,需注意最上层筋带距离坝顶距离,对尾矿坝溃口横向发展有重要影响。

将素尾矿库组与 T20 组、T30 组、T40 组的最大侵蚀深度变化结果进行比较,如图6.23 所示,各组侵蚀深度前期呈快速增大趋势,增长速率较大;随后增长速率逐渐减小,增长趋势趋于缓慢;最后趋于稳定不再变化,即漫顶溃坝停止,终止冲刷。整体来看,前期溃口侵蚀深度较为一致,随后的时间段,各组最终结果逐渐出现差异。在100 s 后,素尾矿库组侵蚀深度明显较其他组偏大,最终的侵蚀深度达到45 cm,坝顶与筋带距离距坝顶40 cm 次之,T20 组与 T30 组最终侵蚀深度最小且较为接近。究其原因,筋带有阻滞水流作用,能在一定程度上减小水流动能,导致水流剪切力变小,且侵蚀水流受到崩塌影响,流量峰值快速变化,导致侵蚀深度最终出现差别,坝顶与筋带距离30 cm 时受崩塌影响小,说明侵蚀深度与溃口崩塌是相互影响的,如上节所述,溃口崩塌导致流量峰值更大,因此侵蚀深度更大。

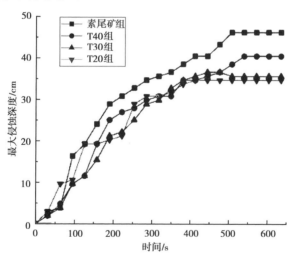

图6.23　冲沟最大侵蚀深度变化

(2)坝顶与筋带距离对下泄流量影响分析

尾矿库是非煤矿山安全管理的重要环节,其安全性与经济性关系是相互依存、相互掣肘的。防洪设计标准的设定,往往由其效益大小和失事后的影响大小共同决定,而下泄流量是对尾矿库漫顶溃坝后果预测的重要数据,以便合理评估、确定尾矿库失事影响,分析与评判后续风险,并根据影响范围制订相应的避险措施。

图 6.24 为不同筋带至坝顶距离与素尾矿库下泄流量变化对比情况,素尾矿库组的下泄流量峰值明显高于其他组,前期流量呈快速增加趋势,此阶段是尾矿库库内水逐渐溢出,达到入流流量的过程,坝顶逐渐形成溃口,此阶段程度较小。而后在短时间内,流量增长速率放缓,流量增加速率较缓部分,认为是冲沟逐渐形成阶段,坝顶溃口逐渐被侵蚀,汇水面积增长缓慢,流量增长速率因此缓慢增加。紧接着,流量迅速增加到峰值,此阶段为侵蚀发展阶段,并伴随崩塌扩张,汇水面积快速增加,使得流量快速增加到峰值。洪峰过后,流出流量远远大于入流流量,库内容量快速减少,流量逐渐减小,流量减小速率比增长速率缓慢,虽然仍进行侵蚀与少量崩塌,但到达坝体时基本稳定。

坝顶与筋带距离 40 cm 组即 T40 组,筋带位于整体溃口下部,整体过程与素尾矿库组相近,峰值较素尾矿库组峰值小,随后,流量逐渐减小,最后趋于平缓,破坏程度与素尾矿库组相差不大。但是,T40 组出现第二次波峰,由于库内水流未完全释放,溃口发展到一定程度,剩余水流涌出库内造成的第二次波峰现象,如图 6.24(a)所示。T30 组与 T20 组流量过程线整体较为平缓,峰值流量明显小于素尾矿库组,且随后也出现第二次波峰,由于库内水流未完全释放,后期流量明显大于素尾矿库组。说明加入筋带有减小流量峰值的作用,使得流量趋于平缓,在相同库容下,由于第二次波峰,后期流量明显较素尾矿库组大。

素尾矿库组流量峰值崩塌造成汇水面积加大,由于崩塌发生快,溃口迅速扩张,水流会快速汇聚,从而造成下泄流量峰值大。而 T30、T20 加筋组未发生大规模崩塌,破坏方式仍是以侵蚀为主,汇水面积随冲刷逐渐增加,故而流量较为平稳,不会有较大的波动。

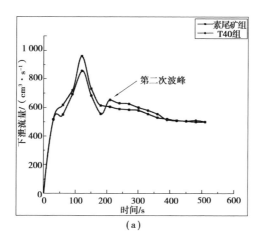

（a）

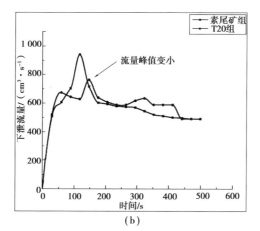

（b）

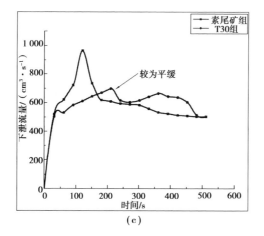

（c）

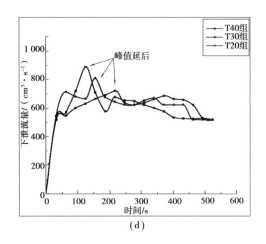

图 6.24　流量过程线

如图 6.25 所示,整体来看,加筋尾矿库组都比素尾矿库组流量峰值小,加入筋带能明显遏制流量峰值,而不同坝顶与筋带距离效果不一,距离坝顶 30 cm 处坝顶与筋带距离流量峰值最小,其次为距离坝顶 20 cm 处坝顶与筋带距离的峰值流量,说明不同坝顶与筋带距离对流量也有不同的影响,位于溃口中下部的筋带能最有效地遏制下泄流量峰值,其主要作用是遏制横向扩展,从而减小流量,与加筋土石坝试验结果相似。如图 6.26 所示,最终溃口宽度与流量峰值呈线性关系,随着最终宽度增大,流量峰值逐渐增大,说明加筋尾矿库溃口也与宽顶堰相似。

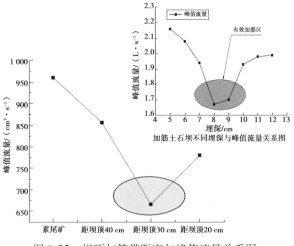

图 6.25　坝顶与筋带距离与峰值流量关系图

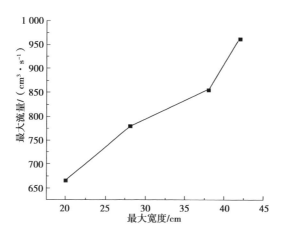

图 6.26 溃口最大宽度与峰值流量关系图

6.2 筋-土-水耦合作用下尾矿坝漫坝侵蚀机理研究

通过以上筋带距坝顶 20 cm、30 cm、40 cm 以及素尾矿坝漫顶溃坝试验研究,阐述了加筋尾矿坝的侵蚀过程筋带"陡坎"冲刷、筋带横向侵蚀、扇形侵蚀、冲击侵蚀以及滑崩与落崩等过程。试验表明,素尾矿坝侵蚀宽度最大,达 42 cm,加入筋带能有效约束溃口两侧崩塌,减小溃口横向发展,从而减小下泄流量峰值;随着最上层筋带至坝顶距离的增加,流量峰值呈先减小后增大的趋势,筋带位于溃口中部的约束作用最强;筋带对溃口深度侵蚀有一定影响,但筋带位置对于溃口深度影响较小。然而,受试验空间及试验设置的局限,难以直接观察筋带附近水流运动以及加筋"陡坎"形成机理。为进一步了解筋带的阻滞作用,采用 FLOW-3D 软件模拟 T30 组漫顶试验,探究筋带"陡坎"的水流运动,运用 PFC 模拟筋带周边尾矿冲刷的颗粒运动,探析筋-土-水耦合条件下尾矿库抗侵蚀机理,结合试验结果阐述筋带"陡坎"的形成机理。

6.2.1　加筋尾矿库漫顶侵蚀宏观过程数值模拟

（1）软件原理

基于笛卡尔坐标系,采用连续方程和 $N\text{-}S$ 动量方程来描述三维无压缩性流体运动,并使用计算流体法(VOF)中 $F(x,y,z,t)$ 函数来定位单位流体的界面和自由面。其中连续方程为:

$$\frac{\partial(uA_x)}{\partial x} + \frac{\partial(vA_y)}{\partial y} + \frac{\partial(wA_z)}{\partial z} = 0 \tag{6.1}$$

动量方程为:

$$\frac{\partial u}{\partial t} + \frac{1}{V_F}\left(uA_x\frac{\partial u}{\partial x} + vA_y\frac{\partial u}{\partial y} + wA_z\frac{\partial u}{\partial z}\right) = -\frac{1}{\rho}\frac{\partial p}{\partial x} + G_x + f_x \tag{6.2}$$

$$\frac{\partial v}{\partial t} + \frac{1}{V_F}\left(uA_x\frac{\partial v}{\partial x} + vA_y\frac{\partial v}{\partial y} + wA_z\frac{\partial v}{\partial z}\right) = -\frac{1}{\rho}\frac{\partial p}{\partial y} + G_y + f_y \tag{6.3}$$

$$\frac{\partial w}{\partial t} + \frac{1}{V_F}\left(uA_x\frac{\partial w}{\partial x} + vA_y\frac{\partial w}{\partial y} + wA_z\frac{\partial w}{\partial z}\right) = -\frac{1}{\rho}\frac{\partial p}{\partial z} + G_z + f_z \tag{6.4}$$

$F(x,y,z,t)$ 函数:

$$\frac{\partial F}{\partial t} + \frac{1}{V_F}\left[\frac{\partial}{\partial x}(FA_xu) + \frac{\partial}{\partial y}(FA_yv) + \frac{\partial F}{\partial z}(FA_zw)\right] = 0 \tag{6.5}$$

式中, ρ 为水流密度; p 为作用在流体微元的压强; u 、v 、w 分别为 x 、y 、z 方向上的速度分量;A_x、A_y、A_z 分别为 x、y、z 坐标轴方向上的可流动面积;G_x、G_y、G_z 分别为 x、y、z 坐标轴方向上的重力加速度;f_x、f_y、f_z 分别为 x、y、z 坐标轴方向上的粘滞力加速度。

RNG $k\text{-}\varepsilon$ 模型在标准 $k\text{-}\varepsilon$ 模型的基础上考虑了水流旋转与旋流,能更好地模拟漫顶过程中的湍流运动,计算的水流剪切力更准确,在模拟尾矿库漫坝水流运动与侵蚀方面较为适用。

紊动能 k 方程:

$$\frac{\partial(\rho k)}{\partial t} + \frac{\partial(\rho k u_i)}{\partial x_i} = \frac{\partial}{\partial x_j}\left(\alpha_k\mu_{eff}\frac{\partial k}{\partial x_j}\right) + G_k - \rho\varepsilon \tag{6.6}$$

耗散率 ε 方程:

$$\frac{\partial(\rho\varepsilon)}{\partial t} + \frac{\partial(\rho\varepsilon u_i)}{\partial x_i} = \frac{\partial}{\partial x_j}\left(\alpha_\varepsilon\mu_{\text{eff}}\frac{\partial\varepsilon}{\partial x_j}\right) + C_{1\varepsilon}^*\frac{\varepsilon}{k}G_k - C_{2\varepsilon}\rho\frac{\varepsilon^2}{k} \tag{6.7}$$

其中,

$$\mu_{\text{eff}} = \mu_t + \mu \tag{6.8}$$

$$\mu_t = \rho C_\mu \kappa^2/\varepsilon \tag{6.9}$$

$$G_\kappa = \mu_t\left(\frac{\partial u_i}{\partial x_j} + \frac{\partial u_j}{\partial x_i}\right)\frac{\partial u_i}{\partial x_j} \tag{6.10}$$

$$C_{1\varepsilon}^* = C_{1\varepsilon} - \frac{\eta(1-\eta/\eta_0)}{1+\beta\eta^3} \tag{6.11}$$

式中, α_κ、α_ε 为湍流能和耗散率相应的 Prandtl 数, $\alpha_\kappa = \alpha_\varepsilon = 1.39$; G_k 为紊动能 k 的产生项; C_μ 为常数,取 0.0845; μ 为紊动粘滞系数; $C_{1\varepsilon} = 1.42$; $C_{2\varepsilon} = 1.68$; $\eta_0 = 4.377$; $\beta = 0.012$。

希尔兹系数是表达水流切应力大小的参数,临界希尔兹系数即是泥砂启动时的水流剪切力的另一种表达形式,FLOW-3D 中采用 Soulsby-Whitehouse 建立的侵蚀方程来计算临界希尔兹系数,要计算这个系数首先需要计算无量纲泥砂粒径 $d_{*,i}$,如式(6.12):

$$d_{*,i} = d_i\left[\frac{\rho_f(\rho_i - \rho_f)\parallel g\parallel}{\mu_f^2}\right]^{\frac{1}{3}} \tag{6.12}$$

式中, ρ_i 为颗粒密度; ρ_f 为流体密度; d_i 为颗粒直径; μ_f 为流体动力粘滞系数; $\parallel g\parallel$ 为重力加速度 g 的量纲。

临界希尔兹系数如式:

$$\theta_{cr,i} = \frac{0.3}{1+1.2d_{*,i}} + 0.055[1-\exp(-0.02d_{*,i})] \tag{6.13}$$

当水流希尔兹数 $\theta_i > \theta_{cr,i}$ 时,判定颗粒启动,随水流做相应运动,侵蚀开始。

（2）模型建立与参数设置

采用 CAD 软件绘制筋带模型,导入 FLOW-3D 软件后,如图 6.27 所示。通过物理模型相似试验观察到,筋带虽然是柔性材料,但在侵蚀过程中并没有发生严重形变,因此可将筋带在侵蚀过程中默认为刚体,模拟时将筋带模型设置为刚体模块。

图 6.27　筋带模型示意图

尾矿模型参考试验模型大小,长 360 cm,宽 60 cm,高 130 cm,采用泥砂冲刷模型,设置为泥砂模块,并采用 CAD 三维模式的差集功能将筋带模型嵌入尾矿模型,所建立的模型如图 6.28 所示。

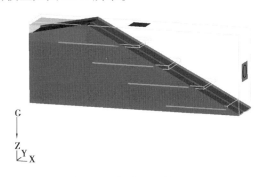

图 6.28　加筋尾矿模型图

在尾矿坝上游设置流量边界 Q,水流以固定流量 0.000 5 m³/s 从流量边界进入库内;上边界设置压强边界,压强设置为大气压强;下游设置出流边界 O,其余边界设置为墙边界 W,水流不会流出此边界。FLOW-3D 采用立方体网格,筋带需要较细网格才能模拟出形状,若整体设置统一网格,网格数量过于庞大,为了减少计算量并能得出合理的计算结果,使用嵌套网格,在筋带附近设置嵌套网格进行局部加密,网格大小为 1 cm,总体网格数量为 813 489 个,如图 6.29

所示。在上游库内设置初始流体作为库容量,初始流体深度为 15 cm。

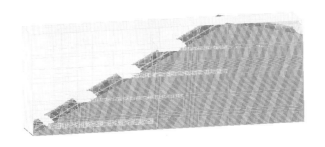

图 6.29　网格设置图

导入模型且设置边界条件后,针对试验模型进行参数设置,结合试验时的堆筑密度,干密度计算为 1 800 kg/m³,由公式(6.13)利用侵蚀速率公式换算求出临界希尔兹系数结果。控制尾砂输移参数:携带系数系统默认为 0.018,推移质系数默认为 8,各组参数见表 6.1。

表 6.1　尾砂特性参数

中值粒径/mm	密度/(kg·m⁻³)	加筋间距/cm	V'_c/(m·s⁻¹)	临界希尔兹数	携带系数	推移质系数
0.051	1 800	30	0.273	0.13	0.018	8

(3)计算结果分析

通过 FLOW-3D 配套的 FLOWsight 后处理软件,查看漫顶溃坝过程与流场,随着库内水流溢出坝顶,水流在 20 s 时在坝体表面形成细小的冲沟破坏,筋带展现阻滞水流作用,如图 6.30(a)所示。随着持续冲刷,冲沟逐渐扩展,筋带露出表面较多,坝体坡面的冲沟在洪水漫顶作用下进一步加深,筋带附近出现"陡坎"现象,但水流对坡面下游冲刷得更加严重,水流冲击底部导致向两侧流动,因此下游形成冲沟的宽度明显大于上游溃口宽度,与第 2 章试验结果较为一致,如图 6.30(b)所示。随着持续冲刷,当上游溃口发生扩展,下泄水流量变大,一部分水流沿筋带飞出形成射流,另一部分水流沿筋带孔洞侵蚀下方,筋带下方逐渐被侵蚀掏空,筋带裸露出相当大一部分,中下游宽度逐渐变大,逐渐向上游发展,筋带具有收缩溃口的作用,两层筋带之间形成中间、宽上下窄的结构,如图6.30(c)。当水流逐渐变小,冲刷基本结束,最终形态如图6.30(d)所示。

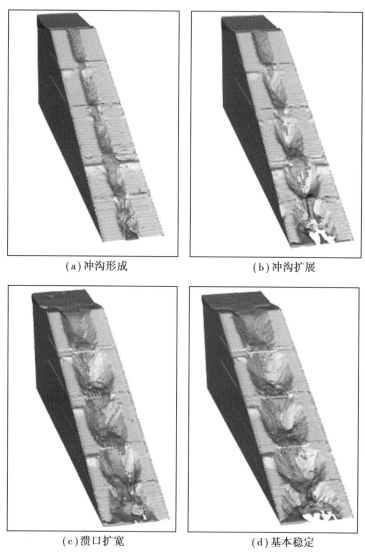

(a)冲沟形成   (b)冲沟扩展

(c)溃口扩宽   (d)基本稳定

图6.30 漫顶溃坝过程与流场模拟结果

通过 FLOW-3D 配套的 FLOWsight 后处理软件,利用其中的 clip 功能,查看坝顶断面处溃口发展变化,如图6.31所示,分别为上一小节不同发展阶段的坝顶处的溃口截面图。

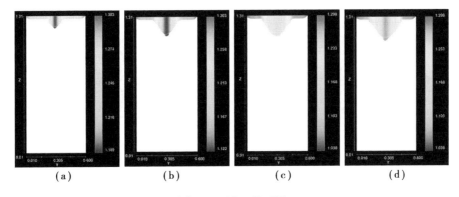

图6.31　溃口截面图

溃口逐渐由小变大,逐渐发展,根据图6.31(d)所示,通过FLOWsight测量工具测得溃口最终深度为39 cm,与第2章试验作比较,溃口侵蚀深度较为一致,误差为5.4%,模拟与试验结果较为一致。

为了进一步探究筋带阻滞水流运动,利用FLOW-3D自带后处理软件,以坝面中轴线为基础,截取断面,所得水流运用如图6.32—图6.35所示。

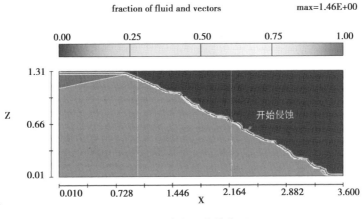

图6.32　冲沟形成纵截面

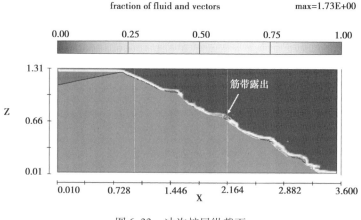

图 6.33　冲沟扩展纵截面

　　从纵截面来看,筋带尚未露出时,水流最开始在坡面进行表面侵蚀,此过程中筋带上方逐渐被侵蚀,但筋带对下方土体有一定的保护作用,使得筋带下方并没有被完全侵蚀,水流筋带附近呈现"陡坎"的趋势;随着水流持续冲刷,筋带上方大量土体被侵蚀,筋带逐渐露出,"陡坎"在筋带附近形成;筋带下部逐渐受到冲刷,部分水流沿着筋带分出形成射流,部分水流穿过筋带,穿过筋带的水流量明显大于沿筋带分出水流量,筋带下方逐渐被侵蚀,筋带前沿完全悬空,小部分水流仍沿着筋带分出,穿过筋带水流开始向筋带下方土体内侧侵蚀,筋带悬空长度逐渐增大,直到侵蚀结束。

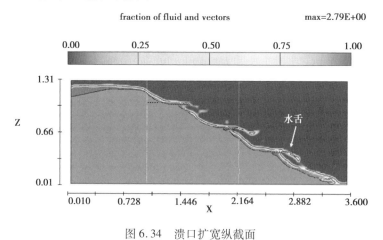

图 6.34　溃口扩宽纵截面

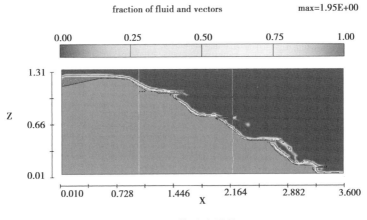

图 6.35　坝体稳定纵截面

　　结合前文模型试验结果,可将筋带"陡坎"的侵蚀具体过程描述如下:

　　在初始阶段,水流对尾矿坝坡面冲刷破坏,筋带附近具有一定的加固作用,尾矿抗侵蚀性能增强,使得筋带附近较其他部位不易被冲刷,筋带上方会逐渐被侵蚀,而水流在遇到筋带时,水流受到筋带的阻滞作用,侵蚀水流沿筋带铺设方向,向前飞出形成射流,即临空水舌。飞出的水舌会冲击下游,冲击力往往较为集中,会较为快速地侵蚀、破坏下方土体,使得筋带下游处形成高程上的突降,造成类似"陡坎"的现象,如图 6.36 所示。

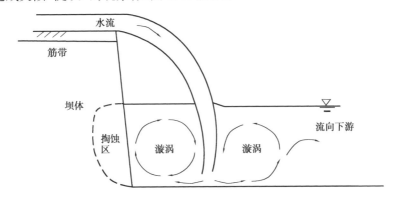

图 6.36　加筋"陡坎"冲刷初始阶段示意图

　　随着水流持续地对筋带上方冲刷以及对下游冲击,临空水舌冲击下游形成的涡流不断掏刷壁面,造成筋带下方逐渐被掏空,部分水流也会通过筋带孔洞渗透并侵蚀筋带下方土体,极易造成筋带正下方土体崩塌,如图6.37所示。

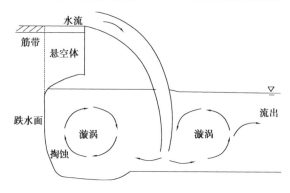

图 6.37　加筋"陡坎"掏刷示意图

在崩塌体不断被上游侵蚀与渗透,以及下方不断掏蚀的情况下,其与坝体之间的黏结力无法继续维持崩塌体的稳定,在重力作用下与坝体产生裂隙逐渐崩落,落入下方被水流携带向下游运动。同时,也导致崩塌体附近的筋带悬空,部分水流仍然受筋带阻滞影响,沿筋带方向运动,其主要原因是筋带孔洞无法短时间穿过如此多流体,造成流体堆积而沿筋带运动,另一部分水流则是通过筋带孔洞侵蚀下方土体,如图6.38所示。

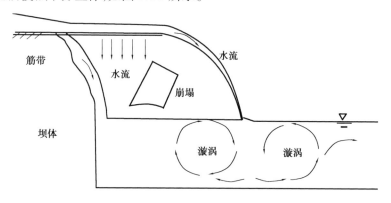

图 6.38　加筋"陡坎"后期冲刷示意图

当水流继续冲刷,筋带孔流出水流继续冲刷坝体,跌水面逐渐后退。当水流流量足够大时,会出现上述沿筋带形成临空水舌的情况,随着与跌水面距离越远,掏蚀影响会逐渐减小,直到下游冲击呈一定坡度,无法掏蚀上游。而当水流流量逐渐减小,筋带孔能短时间通过这些水流,或者筋带悬空过长,临空水舌将不再出现或者只有细小水流流出。

6.2.2 加筋尾矿抗侵蚀细观机理数值模拟

水流作为流体,在与水中物体相对速度较大时,会对物体产生较大的上举力,使物体克服重力做运动,其原理与飞机借助空气流体起飞相似。水力侵蚀是一个物理过程,当水流冲刷尾矿坝,尾矿颗粒克服重力与颗粒间的咬合力、黏聚力等,随水流牵引力做悬移与推移运动时,侵蚀就此开始。离散元作为成熟的岩土数值计算方法,在土体渗流、管涌、降雨侵蚀等领域研究得以广泛应用,取得大量的研究成果,表明其适用于颗粒侵蚀模拟等相关研究。

根据前文模型试验观察到的现象,筋带能增强周边颗粒具有一定的抗冲刷能力,从而造成"陡坎"现象,为进一步分析此现象,探究筋带阻滞作用以及筋 - 土 - 水耦合条件下尾矿库抗侵蚀机理,利用三维颗粒流软件 PFC-3D 进行土体单元体的冲刷试验数值模拟,探究加筋状态下的颗粒的冲刷运动过程。

(1)离散元原理

20 世纪 70 年代,离散元方法(Discrete Element Method)由 Cundall 和 Strack 首次提出。该方法认为类似岩土体的非线性力学特征主要来源于内部颗粒结构变化,因此从材料细观力学特征出发,将单个颗粒作为一个计算单元,将真实的散体颗粒的粒径、密度、笛卡尔坐标等物理特性抽象化成数学的颗粒单元,基于牛顿第二定律、接触本构模型、运动法则等理论,模拟颗粒个体的物理运动以及颗粒单元间的相互作用,通过计算相对数量的颗粒运动来反映颗粒聚合构成的集合体的力学特性。

离散元计算基本流程是首先设置颗粒位置、粒径等物理属性,根据接触本构模型以及颗粒间的相对位移确定接触点与接触力,而后,将计算得到的颗粒接触力,计算各个颗粒单元上的合力,即接触力的总和,从而得到颗粒受到的不平衡力总和,根据其计算结果,以牛顿第二运动定律求解颗粒在不平衡力作用下颗粒的运动位移,最后,根据运动位移更新颗粒位置。这样,计算一个时间步长完成,根据新的颗粒位置可以进行下一时间步长循环计算,直到颗粒受力平衡为止,计算流程如图6.39所示。

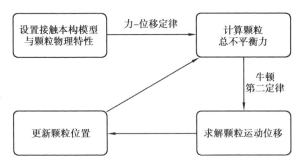

图 6.39　离散元计算方法

图6.39中,力-位移定律是指描述两个接触实体之间的接触方式及相对位移关系,不同接触本构模型,往往有一定区别,总体来讲,就是颗粒所受合力是来自其他颗粒的力的重力之和。如公式(6.14):

$$F = f_i + G \tag{6.14}$$

式中,F 为颗粒所受合力;f_i 为所受外部颗粒合力;G 为重力。根据合力,颗粒的运动包括平动与旋转,平动由合力 F 决定,可改为:

$$F = m(x_i + g) \tag{6.15}$$

式中,x_i 为颗粒位移;m 为颗粒质量;g 为重力加速度。颗粒旋转则由合力矩决定,旋转方程为:

$$M_i = I\dot{\omega}_i = \left(\frac{2}{5}mR^2\right)\dot{\omega}_i \tag{6.16}$$

式中,I 为颗粒转动惯量;$\dot{\omega}_i$ 为颗粒角速度;R 为颗粒半径。在每一时间步长迭代计算颗粒位移。

$$x_i^{\left(t+\frac{\Delta t}{2}\right)} = x_i^{\left(t-\frac{\Delta t}{2}\right)} + \left(\frac{F^{(t)}}{m} + g\right)\Delta t \tag{6.17}$$

在计算过程中,颗粒离散元做出了如下假设:

①假定颗粒单元为不被破坏的刚性体。离散元方法的研究对象一般为颗粒相互叠加构成的集合体,目前认为这种集合体的物理特征变化是由内部颗粒的组合方式造成的,不是颗粒自身的变形,因此假定颗粒单元为不被破坏的刚性体。

②假定不同颗粒之间接触,颗粒与墙体之间的接触均为点接触。

③假定颗粒与颗粒可以进行一定的重叠接触,但重叠距离必须小于接触颗粒的较小粒径,由接触力、接触刚度控制,接触位置可设置黏结功能。

④假定墙体单元为没有质量的面,不适用于牛顿第二定律,其运动由手动设置速度来实现。

⑤颗粒可组成任意形状的"clump"集合体与"cluster"集合体,前者不可破坏,后者可破坏。

如何计算颗粒单元所受外部颗粒合力f_i,涉及颗粒之间接触关系,即接触本构模型,PFC 中有自带的线性接触模型、黏结模型、流固耦合等。

①线性接触模型。线性接触模型主要分为法向接触与切向接触,主要定义两个接触体之间的法向刚度和切向刚度。如图 6.40 所示,k_n 为法向刚度,k_s 为切向刚度,主要由线性弹簧产生;β_n、β_s 为法向与切向阻尼,由阻尼器产生,与线性弹簧并联使用,相当于一定的黏结作用,g_s 为颗粒间距,用于计算刚度,μ 为摩擦系数。切向接触主要计算颗粒的滑动,与法向接触力相关联。

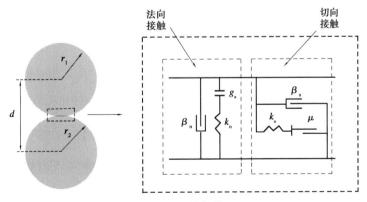

图 6.40 线性接触模型

②黏结模型。黏结模型可分为接触黏结模型和平行黏结模型(图 6.41),由于线性模型接触力矩等于零,易滑动,并不能很好地反映黏性颗粒接触。基于此,两者在线性接触的基础上加入了接触黏结,当颗粒在一个方向受到大于该方向的接触黏结强度时,黏结会破坏,使界面无黏结。而不同的是,线性接触发生的接触在极小的范围,可认为是点接触,接触黏结模型相当于在两个颗粒的点之间多加入了接触法向刚度与强度,接触切向刚度与强度,增强其黏结行为,而平行黏结是在一定黏结半径内增加多个接触刚度与强度,可以传递弯矩。

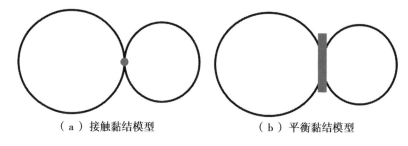

(a)接触黏结模型　　　　　　(b)平衡黏结模型

图 6.41　黏结模型

③流固耦合。为了探究水流冲刷时,筋带与颗粒的相互作用,利用 PFC 单向流固耦合原理,通过设置固定的立方体网格节点的笛卡尔坐标导入 PFC 生成流体网格,在网格中设置水流流速与黏度等参数,计算网格单元内的流体剪切力,剪切力使得颗粒产生新的合力,如式(6.18):

$$F = f_i + f_{fluid} + G \tag{6.18}$$

式中,F 为颗粒所受合力,f_i 为所受外部颗粒合力,f_{fluid} 流体剪切力,G 为重力。

单一颗粒剪切力公式为:

$$\vec{f_o} = \left(\frac{1}{2} C_d \rho_f \pi r^2 \mid \vec{u} - \vec{v} \mid (\vec{u} - \vec{v}) \right) \tag{6.19}$$

式中,ρ_f 为流体密度,r 为颗粒半径,C_d 为拖拽系数,$\vec{v}$ 为流体速度,$\vec{u}$ 为颗粒速度。

拖拽系数 C_d 公式为:

$$C_{\mathrm{d}} = \left(0.63 + \frac{4.8}{\sqrt{Re_{\mathrm{p}}}} \right)^{2} \qquad (6.20)$$

Re_{p} 雷诺数为：

$$Re_{\mathrm{p}} = \frac{2\rho_{\mathrm{f}} r \mid \vec{u} - \vec{v} \mid}{\mu_{\mathrm{f}}} \qquad (6.21)$$

（2）参数选定与模型建立

PFC 细观参数与实际情况宏观参数目前并没有确定的相应转换关系,只能通过模拟土体力学特性试验,不断调试细观参数,使得模拟出的宏观参数值与现实实验结果接近,则可认为该细观参数与实际情况接近。

三轴实验模型如图 6.42 所示。

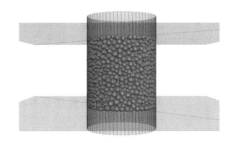

图 6.42　三轴实验模型

通过模拟三轴试验,结合实际尺寸建立高 80 mm、半径 20 mm 的圆柱形颗粒试样,因该细粒尾矿与粉土性质接近,采用线性黏结接触进行模拟。PFC 如果完全模拟实际情况,颗粒数量会达到惊人的数量,一般为了减少计算量,都会对颗粒粒径进行简化处理,通过穷举法不断调试参数,最终通过 PFC 软件模拟三轴实验,得到在 100 kPa 和 300 kPa 围压下的三轴模拟应力应变曲线,与相同围压下的三轴实验曲线进行对比,整体弹性阶段趋势较为符合,如图 6.43 所示,由于颗粒形状等影响,并不能很好地模拟峰值后的变形阶段,但整体较为符合,可认为此参数与实际尾矿库较为贴近。

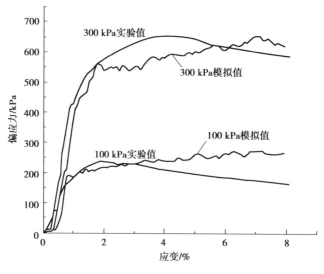

图 6.43　三轴参数标定对比图

根据参数标定结果,进行不同流速 1.5 m/s、2.5 m/s、3.5 m/s 进行冲刷模拟,设置颗粒粒径为 0.8 ~ 1.5 mm,弹性模量为 $6×10^8$ Pa,刚度比为 1(K_N/K_s),切向黏结强度为 800 Pa,法向黏结强度 1 200 Pa,水流密度为 1 000 kg/m³,黏度为 0.001 Pa·s。

Clump 是 PFC 特殊颗粒簇,是由 pebble 颗粒组成的不可断颗粒团簇。为了探究在冲刷过程中加筋尾矿库的阻滞机理,模拟筋带周边颗粒在冲刷过程中的颗粒运动情况,因主要研究颗粒侵蚀运动情况,对筋带抗拉特性要求不高,因此并没有单独进行拉拔试验进行参数标定,将 Clump 颗粒簇的 pebble 颗粒组成筋带形状,粒径为 0.1 mm,如图 6.44 所示。

加筋尾矿库冲刷试样中部纵向加入筋带,模拟筋带周边颗粒水流影响后,与筋带之间,设置管道与流体网格,管道宽 80 mm、高 50 mm,试样往上推移,使得露出管道 1 mm,为了计算方便,通过对三维试样进行修改,水流不涉及试样下部颗粒,遂裁剪下部颗粒,试样高 20 mm,加入筋带得到如图 6.45 所示图形,但也因此筋带缺乏下部颗粒固定,容易被水冲刷走,待颗粒伺服完毕后,在筋带下方设置墙体稳定筋带。模型整体设置如图 6.45 所示。

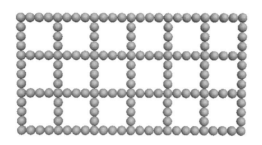

图 6.44　筋带模型

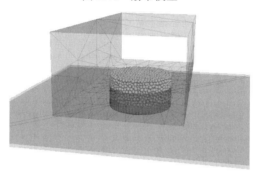

图 6.45　模型整体设置

（3）计算结果分析

启动流速一般为 0.3～0.8 m/s,为体现加筋后的侵蚀效果,分别设置 1.5 m/s、2.5 m/s、3.5 m/s 流速进行冲刷模拟,图 6.46 与图 6.47 分别为流速 3.5 m/s 时,对未加筋试样与加筋试样进行的冲刷模拟过程图。得到如下结果,在未加筋的情况中,颗粒迅速随水流冲走。在 2 s 时,颗粒基本完全冲刷,颗粒冲出管道边界,而加筋试样明显冲刷较慢,筋带有明显阻挡或减缓颗粒运动的作用,部分颗粒受到筋带的作用力,不随水流运动,从而牵制后方颗粒,促成抗侵蚀能力增强,但随着持续冲刷,颗粒会从筋带上方以及筋带肋条组成的孔格中随水流运动,但抗侵蚀能力较不加筋情况显著增强。

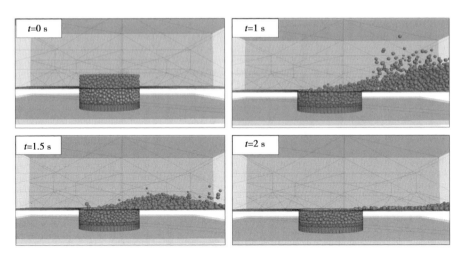

图 6.46　流速 3.5 m/s 情况下未加筋试样冲刷过程侧面图

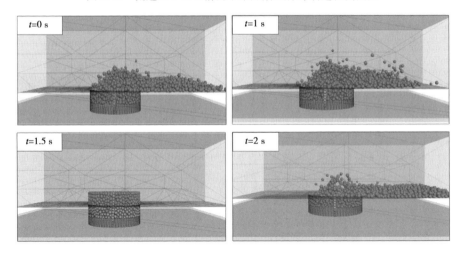

图 6.47　流速 3.5 m/s 情况下加筋试样冲刷过程侧面图

通过对 1.5m/s、2.5m/s、3.5m/s 流速进行冲刷模拟,得到侵蚀完毕的时间,单位深度内侵蚀时间的长短可表示侵蚀速率的快慢,侵蚀时间越长说明侵蚀速率越小,反之亦然。如图 6.48 所示,不同流速(1.5 m/s、2.5 m/s、3.5 m/s)下,未加筋尾矿库侵蚀时间分别为 5 s、3 s、2 s,加筋尾矿库分别为 8 s、5 s、4 s。随着流速增加,加筋试样与未加筋试样侵蚀时间明显逐渐减小,侵蚀速率增大;加筋试样侵蚀时间明显高于未加筋试样,说明加筋试样抗侵蚀能力高于未加筋试样。

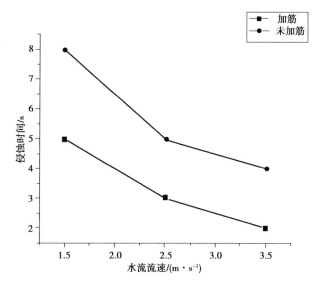

图 6.48 水流流速与侵蚀时间的关系

数值计算过程中,选取 1.5 m/s 加筋冲刷组对运动情况具有代表性的 3 个颗粒,对其运动轨迹进行分析,如图 6.49 所示,在图 6.49(a)中,X 方向为水流运动方向,颗粒受到水流剪切力启动,在筋带附近速度逐渐减小,由 0.6 m/s 逐渐减小至 0.1 ~ 0.2 m/s,这是受到筋带阻滞作用影响的结果,当穿过筋带格栅后,水流速度逐渐增加;也有部分颗粒直接从筋带上方越过,整体受到筋带影响较小,如图 6.49(b)所示;部分颗粒受到筋带阻滞作用,在筋带附近停止运动,如图 6.49(c)所示。

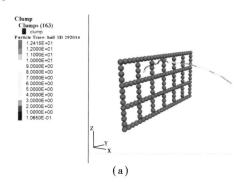

(a)

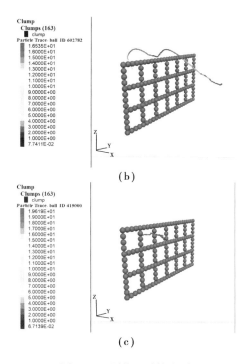

图 6.49　颗粒运动轨迹图

通过 PFC 剪切工具对筋带纵肋进行裁剪,尾矿为绿色颗粒,筋带为红色,颗粒与颗粒以及筋带之间的接触力由不同矢量的圆片表示,由于接触来自不同方向上的颗粒,二维展示有些颗粒没有显示在截面内,而接触力被截面抓取显示出来,因此会出现只有接触力的情况。

与筋带纵肋接触时,筋带与颗粒的接触力抵消或减弱了水流剪切力,使得颗粒不会跟随或较缓跟随水流做运动,此时,与后面受到水流的作用力的颗粒之间形成接触,相互嵌合,形成短暂的结构稳定体抵抗水流作用,使得颗粒不易被冲刷。当颗粒离筋带较远时,接触力无法继续传递,就不易与其他颗粒形成相对稳定的结构。但随着水流持续冲刷,尾矿表面的外部颗粒受到水流与颗粒的作用会发生滚动,向筋带上方运动,部分颗粒会被横肋阻挡,形成新的嵌合体,但如果流速还是很大,也只会延缓其运动趋势。

颗粒-筋带接触截面示意图如图 6.50 所示。

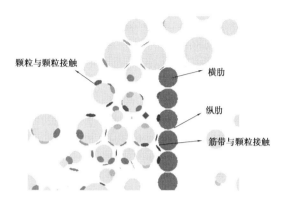

图 6.50　颗粒-筋带接触截面示意图

　　根据模拟结果,筋带各个肋条有阻挡颗粒运动的作用,使得周边颗粒形成堆积与聚集,不易被快速侵蚀,可阐述前文试验过程筋带周边"陡坎"侵蚀的形成机理。在坡面尚未受到剧烈侵蚀,坡面整体并没有出现局部破坏时,筋带周边颗粒较离筋带较远位置的颗粒更难侵蚀,从而筋带附近形成筋带抗侵蚀区,如图 6.51 所示,筋带较远距离的常规侵蚀区更易出现局部侵蚀破坏,即筋带上方一定距离易出现侵蚀破坏,筋带附近侵蚀破坏程度较其他位置较小,这样就形成了初步的筋带"陡坎",随着水流的继续冲刷,筋带附近颗粒沿着格栅孔隙运动,逐渐被侵蚀,筋带逐渐悬空,水流进而侵蚀下方土体。

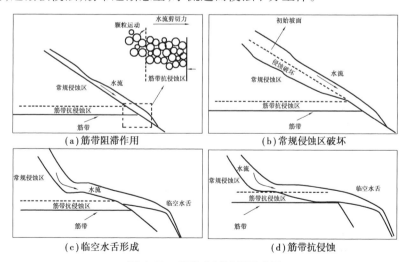

图 6.51　筋带破坏过程示意图

附录 国外尾矿坝溃决重大事故统计表（自 1960 年起）

日期	位置	所属公司	矿石类型	事故类型	泄漏量	产生影响
2022 年 1 月 20 日	印度奥里萨邦 Sambalpur 区	JSW Bhushan Power and Steel Limited	铁	尾矿坝溃坝		掩埋至少 20～30 英亩（1 英亩 = 0.004 km²）的农田，两个池塘遭到污染，鱼类大量死亡
2022 年 1 月 8 日	巴西米纳斯吉拉斯州新利马	Vallourec S. A	铁	暴雨引发尾矿库 3 处坝被破坏		溢出的泥浆堵塞 BR-040 高速公路。1 人受伤
2021 年 12 月 24 日	南非夸祖鲁-纳塔尔省	Zululand Anthracite Colliery	无烟煤	尾矿坝溃坝	1 500m³ 重金属泥浆	污水流入河流，流经村庄以及野生动物保护区

时间	地点	企业	矿种	事故类型	溃坝量	事故情况
2021 年 11 月 26 日	秘鲁普诺圣安东尼奥德普蒂纳省	Central de Cooperativas Mineras de San Antoniode Poto	黄金	尾矿坝溃坝		使大约 400 m 的公路受到破坏,涌入 3 个居民区
2021 年 11 月 18 日	土耳其 Giresun 省	Nesko Madencilik A.S	铅锌铜矿	2 号尾矿坝溃坝	≥4 500 t	尾矿涌入 1 号尾矿坝至到达 Kilickaya 坝下游 5 km 处
2021 年 7 月 27 日	安哥拉南隆达索里莫卡托卡矿	Sociedade Mineira de Catoca Lda	钻石	溢流管道破坏使大量废渣流出		Lova 河受到污染,Tchicapa 河的污染造成邻近城市的饮用水问题
2020 年 7 月 2 日	缅甸克钦邦帕干		玉石	大雨后废物堆溃坝		尾矿涌入湖中,同时引发泥石流致使矿工人被埋,至少 126 人死亡
2020 年 5 月 1 日	墨西哥杜兰戈	Exportacionesde Minerales deTopiaSA	铅锌	尾矿坝溃坝	6 000 m³	尾矿涌入附近公路,覆盖范围达 8 000 m³,距圣伯纳贝河及其同名城镇 5 km 远
2019 年 10 月 1 日	巴西马托格罗索州,Nossa Senhorado Livramento 市	VMMinerção Construção,Cuiabá	黄金	尾矿坝溃坝		尾矿蔓延 1~2 km,破坏送电设施
2019 年 7 月 10 日	秘鲁 Huancavelica 地区丘尔坎帕省	Doe Run Perú S. R. L.	铜	尾矿坝溃坝	6.5 万 m³ 尾矿	尾矿蔓延 41 574 m²,覆盖范围可达曼塔罗河

续表

日期	位置	所属公司	矿石类型	事故类型	泄漏量	产生影响
2019年4月22日	缅甸克钦邦帕坎特	Shwe Nagar Koe Kaung GemsCo. Ltd., MyanmarThura GemsCo. Ltd	玉石	废弃堆溃坝		3名工人死亡,54人失踪
2019年4月9日	印度贾坎德穆里	Hindalco Industries Limited	铝土矿	赤泥车的破坏		赤泥淹没范围超过35英亩,伤亡人数未知
2019年3月29日	巴西朗多尼亚新东方	Metalmig Mineraçã oIndú-striae ComércioS/A	锡	暴雨后非活跃尾矿坝的破坏		泄漏的尾矿毁坏7座桥梁,致使被困人员难以与外界取得联系
2019年1月25日	巴西米纳斯吉拉斯州布鲁马迪纽市	Vale SA		尾矿坝溃坝	1 200 万 m³	溃坝事故毁坏矿区的装载站、行政区和两个较小的沉积物滞留池,蔓延约7 km,覆盖范围可达里约尼路支线,摧毁尾矿区铁路支线,波及布鲁马丁霍费尔特科的当地社区维拉·费尔特科的部分佩巴奥河,最后人帕拉奥佩巴河,造成至少267人死亡
2018年6月4日	墨西哥奇瓦瓦州乌里克	Minera Rio Tinto	金 银	尾矿坝溃坝	24.9万 m³尾矿和19万 m³路堤材料	溃坝导致尾矿下泄,下泄长度达29 km。尾矿沿卡尼塔斯河沉积,3名工人死亡,2人受伤,4人失踪

日期	地点	公司	矿种	溃坝原因	溃坝量	危害
2018 年 3 月 9 日	澳大利亚新南威尔士州卡迪亚	Newcrest Mining Ltd	金，铜	尾矿坝溃坝	133 万 m^3 尾矿	路堤被破坏，尾矿大量涌入，覆盖范围极大
2018 年 3 月 3 日	秘鲁安卡斯地区雷塞省	Compañia Minera Lincuna SA		2 号尾矿坝的路基在大雨过后坍塌	8 万 m^3 尾砂	对农作物，西普乔克河以及圣塔河造成污染
2018 年 2 月 17 日	巴西帕拉 Barcarena	Hydro Alunorte/ Norsk Hydro ASA	铝土矿	大雨后赤泥池溢流		高碱性和富含金属元素的泥浆淹没周围的居民区，该地区的饮用水供应系统雍堵
2017 年 9 月 17 日	利比里亚邦县 Kokoya 金矿	MNGGold Liberia	黄金	大雨后一段土工膜层裂缝溢流	11 500 m^3 含氰化物	由于化学品泄漏造成的河流受到污染，30 人患病
2017 年 6 月 30 日	以色列 Mishor Rotem	Rotem Amfert Negev Ltd	磷酸盐	磷酸盐坝溃坝	10 万 m^3 酸性废水	有毒废水涌入阿沙利姆河床，蔓延长达 20 多千米
2016 年 12 月 28 日	缅甸克钦邦帕坎特省	Jade Palace Company	玉石	废弃堆溃坝		大约 50 名工人失踪
2016 年 10 月 27 日	菲律宾孟加格特省伊托贡	Benguet Corp	黄金	暴雨后，尾矿流经地下矿山排水隧洞	≥5 万 t 尾矿	泄漏的尾矿流入梁河，随梁河流入安巴兰加河，最后流入阿格诺河

日期	位置	所属公司	矿石类型	事故类型	泄漏量	产生影响
2016 年 8 月 27 日	美国佛罗里达州波尔克县新威尔土植物园	Mosaic Co	磷酸盐	磷石膏堆中出现 14 m 宽天坑，成为污水汇聚入的通道	84 万 m³ 污水	
2016 年 8 月 4 日	智利塔拉帕卡地区塔马鲁加尔省皮卡乌吉纳	Compañía Minera DoñaIné-sde Collahuasi SCM	铜 钼	尾矿运输清槽破裂	4 500 m³ 尾砂	泄漏的有毒物质流入放牧区，使周边设施和地下水受到威胁
2016 年 5 月 22 日	哈萨克斯坦里德	Kazzinc	锌	塔洛夫斯基尾矿坝前排水收集器系统发生故障		含有氰化物 锌 铝 铜和锰的尾矿浆涌入菲利波夫卡河，随后到达提卡亚提河和乌尔巴河，并于 6 月 2 日左右到达下游 1 100 km 的西伯利亚城市鄂木斯克
2015 年 12 月 14 日	缅甸克钦邦帕坎特拉芒科内	Tun Tauk Zabuja-demining Company	玉石	废弃物堆溃坝		1 人死亡，约 20 人失踪
2015 年 11 月 21 日	缅甸克钦邦帕坎省圣吉文	Hlan Shan Myonwesu, Yadanar Yong Chi, Yadanar Aung Chan	玉石	废弃物堆溃坝		至少 113 人死亡

时间	地点	公司	矿种	原因	量	后果
2015 年 11 月 5 日	巴西米纳斯吉拉斯中部马里亚纳区本托罗德里格斯 Germano 矿	Samarco Mineração S. A.	铁	排水不足，Fundão 尾矿坝强度失效，小型地震后不久尾矿砂液化	3 200 万 m³	泥石流覆盖盖本托罗德里格斯镇，摧毁了 158 所房屋，至少 17 人死亡，2 人失踪。污染北瓜拉索河，卡梅尔河沿 Doce 河 663 km，毁坏沿河和里约 15 km² 的土地，并切断居民的饮用水供应
2014 年 9 月 10 日	巴西米纳斯吉拉斯中部地区伊塔比里托赫库里亚诺矿	Herculano Mineração Ltda	铁	尾矿库溃坝		2 人死亡 1 人失踪
2014 年 8 月 7 日	墨西哥省索诺卡纳尼布埃纳维斯塔铜矿	Southern Copper Corp	铜	尾矿库溃坝	4 万 m³ 硫酸铜	流入 420 km 长的巴卡努奇河水道，该水道为索诺拉河的一条支流，直接影响到 80 万人
2014 年 8 月 4 日	加拿大不列颠哥伦比亚省附近的波利山矿山	Imperial Metals Corp	铜、黄金	尾矿坝基础破坏	730 万 m³ 尾矿、1 060 万 m³ 水和 650 万 m³ 间隙水	尾矿流入相邻的波利湖，后随 Hazeltine 河流入奎斯内尔湖（米切尔湾）
2014 年 5 月 15-16 日	塞尔维亚克罗地亚哥哥斯达黎加	Farmakom MB	锑	暴雨引发滑坡，破坏大坝排水系统，导致废弃浮选尾矿坝坍塌	10 万 m³ 尾矿泥浆	尾矿排入 Kostajnik 河，污染了 27 km 的河床和 360 hm² 的农田。7 月 17 日的一场风暴后，尾矿再次溢出，流入 Kostajnik 河

续表

日期	位置	所属公司	矿石类型	事故类型	泄漏量	产生影响
2014年2月2日	美国北卡罗来纳州伊甸园丹河蒸汽站	Duke Energy	粉煤灰	旧排水管坍塌损坏	约7.44万t有毒煤灰和10万m³受污染水	粉煤灰通过排水管流入丹河
2013年11月15—19日	亚美尼亚Syunik省	Cronimet Mining AG	铜、钼	尾矿管道的损坏		在一段时间内,尾矿持续流入诺拉舍尼克河
2013年10月31日	加拿大阿尔伯塔省辛顿东北部奥贝德山煤矿	Sherritt International	煤	围堵池中的墙壁破裂	67万m³煤炭废水和9万t淤泥沉积物泄漏	含有细煤颗粒、黏土和重金属的泥石流流入阿陬托温和板溪,最终流入阿萨巴斯卡河
2012年12月17日	加拿大纽芬兰古尔布里奇矿区		铜	堤坝破坏,宽度50 m		
2012年11月4日	芬兰卡努省索特卡莫	Talvivaara Mining Company Plc	镍	石膏池中出现漏斗形孔口	≥10万m³受污染水	雪河中的镍和锌浓度超过了物体有害标准的10倍甚至100倍,铀浓度超过了10倍
2012年8月1日	菲律宾本格特省伊藤贡Padcal矿	Philex Mining Corp	铜、金	暴雨期间3号尾矿库"决口"	2 060万t尾矿	尾矿涌入巴洛格河,流入阿格诺河
2011年5月	加拿大魁北克省费蒙特市布鲁姆湖矿	Bloom Lake General Partner Ltd.	铁	尾矿库溃坝	超过20万m³的有害物质	

时间	地点	公司	矿种	溃决原因	溃决量	后果
2010 年 10 月 4 日	匈牙利科隆	MAL Magyar Aluminium-	铝土矿	尾矿库溃坝	70 万 m³ 腐蚀性赤泥	多个城镇被淹,10 人死亡,约 120 人受伤,8 hm² 区域被淹
2010 年 6 月 25 日	秘鲁万卡韦利卡	Unidad Minera Caudalosa Chica		尾矿库溃坝	21 420 m³ 尾矿	下游 110 km 处的河流和 Opamayo 河受到污染
2009 年 8 月 29 日	俄罗斯马加丹地区卡拉姆肯	Karamken Minerals Processing Plant	黄金	雨后尾矿库溃坝	超过 100 万 m³ 的水、15 万 m³ 的尾矿和 5.5 万 m³ 的筑坝材料	11 所房屋被泥石流冲走。至少 1 人死亡
2009 年 4 月 27 日	巴西帕拉巴卡雷纳	Hydro Alumorte/ Norsk Hydro ASA	铝土矿	大雨后赤泥池周围排水沟溢流		
2008 年 10 月 22 日	美国田纳西州哈里曼	Tennessee Valley Authority	粉煤灰	防水隔墙破坏	释放 410 万 m³ 的灰浆	火山灰滑落面积达 400 英亩,深度达 6 英尺[约 1.83m]。灰烬和泥浆冲跨电线,覆盖天鹅塘和泥塘公路,并使输气管破裂,12 所房屋被毁

续表

日期	位置	所属公司	矿石类型	事故类型	泄漏量	产生影响
2007年1月10日	巴西米拉伊米纳斯吉拉斯	Mineração Rio Pomba Cataguases Ltda	铝土矿	雨后尾矿库溃坝	200万 m³ 泥浆、含水和黏土	泥流使 Zonada Mata 的 Miraí 和 Muriaé 两个坡市的约4 000 名居民无家可归。米纳斯吉拉斯州和里约热内卢州的农作物和牧场遭到破坏，供水受到影响
2006年11月6日	赞比亚钦戈拉恩昌加	Konkola Copper Mines Plc (KCM)	铜	Nchanga 尾矿浸出厂至 Muntimpa 尾矿场的尾矿浆管道故障		向 Kafue 河排放高酸性尾矿，致使河水中铜、锰、钴浓度过高。下游社区饮用水供应关闭
2005年4月14日	美国密西西比州杰克逊县邦斯湖	Mississippi Phosphates Corp	磷酸盐	生产过快,磷石膏坝溃坝	约64 350 m³ 酸性液体	液体涌入邻近的沼泽地,植被大量死亡
2004年11月30日	加拿大不列颠哥伦比亚省平奇湖	Teck Cominco Ltd	汞	之前紧急溢漏大坝(长100 m,高12 m)在填海工程中坍塌	6 000~8 000 m³ 岩石、废料和废水	废料涌入5 500 hm² 的平池湖

2004 年 9 月 5 日	美国佛罗里达州里弗维尤	Cargill Crop Nutrition	磷酸盐	巨浪袭击堤坝的西南角，100 英尺（30.48 m）高的石膏堆顶部堤坝破裂	22.7 万 m³ 酸性废水	废水溢出至阿尔奇溪
2004 年 5 月 22 日	俄罗斯普里莫尔斯基 Krai	Dalenergo	粉煤灰	面积约 1 km²、容纳约 2 000 万 m³ 煤灰的环形堤坝断裂，致使大坝出现直径大约为 50 m 的洞	约 16 万 m³ 的粉煤灰	粉煤灰通过排水渠流入 Partizanskaya 河的支流后流入 Primorski Krai（海参崴以东）的 Nahodka 湾
2004 年 3 月 20 日	法国奥德马尔维斯	Comurhex	铀转化厂倾析蒸发池	雨后溃坝	3 万 m³ 液体和泥浆	导致陶兰运河中的硝酸盐浓度在数周内升高至 170 mg/L
2003 年 10 月 3 日	智利金塔地区佩托卡省塞罗·内格罗	CiaMinera Cerro Negro	铜	尾矿库溃坝	5 万 t 尾矿	流至拉古阿河下游 20 km

续表

日期	位置	所属公司	矿石类型	事故类型	泄漏量	产生影响
2003 年 8 月 30 日	马其顿萨沙矿	Stateowned	铅锌	某辅助结构失效,部分坝体破坏,其将废水从尾矿库引至引水隧洞	7 万~10 万 m^3 尾矿	尾矿从卡米尼卡河下游 12 km 流入加里曼奇湖
2002 年 8 月 27 日/9 月 11 日	菲律宾赞巴利斯圣桑塞利诺	Dizon Copper Silver Mines , Inc		两个弃置尾矿坝雨后溢流、溢洪道失效		8 月 27 日:部分尾矿泄漏于乌帕努佩湖,最终进入托马斯河 9 月 11 日:矿区废物填满乡村。250 个家庭被疏散
2001 年 6 月 22 日	巴西米纳斯吉拉斯州新利马区	Mineração RioVerde Ltda	铁矿	矿山废水坝破坏		尾矿流移动了至少 6 km,造成至少两名煤矿工人死亡,另有 3 名工人失踪
2000 年 10 月 11 日	美国肯塔基州马丁县伊内兹	MartinCounty CoalCorporation	煤矿	泥浆蓄水池地下矿山塌造成尾矿坝破坏	95 万 m^3 的煤浆释放到当地河流	大约 120 km 的河流和溪流变成黑色,鱼群大量死亡。河流沿岸城镇的饮用水受到严重影响
2000 年 9 月 8 日	瑞典加利瓦雷	Boliden Ltd	铜矿	过滤排水能力不足导致尾矿坝失效	250 万 m^3 废水涌入邻近的沉淀池,紧接着从沉淀池中涌出 150 万 m^3 的水	

时间	地点	企业	矿种	溃坝原因	数量	后果
2000 年 3 月 10 日	罗马尼亚马拉莫雷斯县的拜亚博尔萨	Remin S. A., Baia Mare	铜铝锌	雨后溃坝	2 万 t 重金属尾矿和 10 万 t 污水	蒂萨河的支流瓦泽河受到污染
2000 年 1 月 30 日	罗马尼亚拜亚马	Aurul S. A.	旧尾矿中回收金	尾矿坝顶坍塌	10 万 m³ 氰化物污水	蒂萨河的支流索姆索斯/萨莫斯河被污染，造成数吨鱼类死亡，并使匈牙利 200 多万人的饮用水受到污染
1999 年 4 月 26 日	菲律宾北苏里高市电镀公司	Manila Mining Corp.	金矿	尾砂在输送过程中泄漏	70 万 t 氰化物尾矿	17 座房屋被掩埋，51 hm² 的良田被淹没
1998 年 12 月 31 日	西班牙韦尔瓦	Fertiberia	磷酸盐	风暴引起大坝坍塌	5 万 m³ 含有酸性和有毒的污水	
1998 年 4 月 25 日	西班牙洛斯铁路阿兹纳勒克	Boliden Ltd	锌、铝、铜、银	基础破坏引起水坝溃坝	400 万~500 万 m³ 有毒水和泥浆	数千公顷的农田被泥浆覆盖
1997 年 12 月 7 日	美国佛罗里达州波尔克县	Mulberry Phosphates, Inc	磷酸盐	磷石膏烟囱失效	20 万 m³ 磷石膏污水	阿拉菲亚河的生物区群灭亡
1997 年 10 月 22 日	美国亚利桑那州平托谷	BHP Copper	铜	尾矿坝边坡破坏	23 万 m³ 尾矿和矿石	尾矿覆盖 16 hm²

续表

日期	位置	所属公司	矿石类型	事故类型	泄漏量	产生影响
1996 年 11 月 12 日	秘鲁纳斯卡阿马蒂斯塔			上游型尾矿坝地震液化失效	30 万 m³ 以上尾矿	尾矿流约 600 m,溢流到河流中,污染农田
1996 年 8 月 29 日	玻利维亚的埃尔波尔科	Comsur(62%),Rio Tintoexternallink(33%)	锌,铅,银	尾矿坝溃坝	40 万 t	污染 300 km 的皮尔科马约河
1996 年 3 月 24 日	菲律宾马林杜克岛的马尔库铜	Placer Dome Inc	铜	旧排水隧道储坑尾矿流出	160 万 m³	18 km 的河道被尾矿填满,损失 8 000 万美元
1995 年 12 月	新西兰的金十字	Coeurd' Alène	金	含 300 万 t 尾矿大坝溃坝		
1995 年 9 月 2 日	菲律宾北苏里高市电镀公司	Manila Mining Corp	金	尾矿坝坝基破坏	5 万 m³ 尾矿	12 人死亡,沿海地区受到污染
1995 年 8 月 19 日	圭亚那的奥迈市	Cambior Inc. Golden Star Resources Inc.	金	坝体内部受到侵蚀造成尾矿坝破坏	420 万 m³ 氰化物泥浆	埃塞基博河 80 km 范围内被宣布为环境灾区
1994 年 11 月 19 日	美国佛罗里达州希尔斯堡县的霍普韦尔矿	IMC-Agrico	磷酸盐	尾矿坝溃坝	近 190 万 m³ 污水	溢出到附近的湿地和阿拉菲亚河,基斯维尔被污水淹没

时间	地点	公司	矿种	事故描述	泄漏量	后果
1994年10月2日	美国佛罗里达州波尔克县的佩恩溪矿	IMC-Agrico	磷酸盐	尾矿坝溃坝	680万 m³ 污水	泄漏物覆盖邻近矿区。50万 m³ 污水涌入佩恩恩溪河支流希基支流
1994年10月	美国佛罗里达州米德堡	Cargill	磷酸盐		7.6万 m³ 的污水	涌入米德堡附近的和平河
1994年6月	美国佛罗里达州	IMC-Agrico	磷酸盐	磷灰石污水坑泄漏		污水流到地下水中
1994年2月22日	南非的和诺公司梅里斯普鲁伊特	Harmony Gold Mines	金	雨后坝墙破裂	60万 m³	尾矿流入下游 4 km,17 人死亡,居民区受到破坏
1994年2月14日	南澳大利亚罗克斯比唐斯	WMC Ltd	铜 铀	尾矿坝渗漏达2年及以上	高达500万 m³ 污水	
1993年10月	美国佛罗里达州吉布森顿市	Cargill	磷酸盐	尾矿坝坝顶坍塌		酸性污水流入阿奇河,鱼群大量死亡
1993年	秘鲁马萨市	Marsa Mining Corp	金	尾矿坝坝墙坍塌		6人死亡
1992年3月1日	保加利亚扎戈拉星附近的玛丽莎伊斯托克1号		灰渣	海滩被洪水淹没导致大坝倒塌	50万 m³	
1992年1月	菲律宾吕宋岛帕德卡尔	Philex Mining Corp	铜	尾矿坝坝墙坍塌	8000万 t	

日期	位置	所属公司	矿石类型	事故类型	泄漏量	产生影响
1991 年 8 月 23 日	加拿大不哥伦比亚省金伯利市沙利文矿	Cominco Ltd	铅/锌	尾矿坝溃坝	7.5 万 m^3	尾矿浆流入附近的湖泊中
1989 年 8 月 25 日	美国马里兰州佩里维尔的斯坦西尔		砂土和碎石	暴雨后尾矿坝失效	3.8 万 m^3	尾矿浆覆盖 5 000 m^2
1988 年 1 月 19 日	美国田纳西州灰鱼溪 1 号	Tennessee Consolidated Coal Co	煤	尾矿坝溃坝	25 万 m^3	
1988 年	美国佛罗里达州景市	Gardinier	磷酸盐		酸性的泄漏物	阿拉菲亚河中数以万计的鱼类死亡
1987 年 4 月 8 日	美国西弗吉尼亚州罗利县	Peabody Coal Co	煤	溢洪道管道破裂后导致大坝破坏	8.7 万 m^3	尾矿浆流到下游 80 km 处
1986 年 5 月	巴西米纳斯吉拉斯州	Itaminos Comerciode Minerios		尾矿坝坝墙破裂	10 万 t	尾矿浆流入下游 12 km 处
1985 年 7 月 19 日	意大利特伦托斯塔瓦	Prealpi Mineraia	萤石	安全工作和管道施工不足而造成大坝破坏	20 万 m^3	尾矿浆流入下游 4.2 km 处，流动速度 90 km/h。268 人死亡，62 座建筑物被毁

日期	地点	公司	矿种	原因	量	后果
1985 年 3 月 3 日	智利维塔德阿瓜 1 号		铜	地震造成砂土液化从而导致坝墙破坏	28 万 m³	尾矿浆流到下游 5 km 处
1985 年 3 月 3 日	智利切罗 4 号	Cia Minera Cerro Negro	铜	地震造成砂土液化从而导致坝墙破坏	50 万 m³	尾矿浆流到下游 8 km 处
1985 年	美国内华达州华兹沃斯，奥林豪斯	Olinghouse Mining Co	金	路基由于静态液化从而坍塌	2.5 万 m³	尾矿浆流到下游 1.5 km 处
1982 年 11 月 8 日	菲律宾的西帕雷	Marinduque Miningand Industrial Corp	铜	黏土地基滑移导致大坝破坏	2 800 万 t	高达 1.5 km 的农业土地被广泛淹没
1981 年 12 月 18 日	美国肯塔基州哈兰县	Eastover Mining Co	煤	暴雨导致大坝溃坝	9.6 万 m³ 煤矿尾砂浆	泥浆流过附近河水下游 1.3 km 处的盆道,最终到达坎伯兰河下游 1.3 km 处,致使 1 人死亡,3 座房屋被毁,30 所房屋受损,河流中鱼类大量死亡
1981 年 1 月 20 日	俄罗斯莱贝丁斯基的巴尔卡·楚菲切瓦		铁	尾矿坝溃坝	350 万 m³	尾矿浆流动距离可达 1.3 km
1980 年 10 月 13 日	美国新墨西哥州的泰龙	Phelps Dodge	铜	尾矿坝坝壁破裂	200 万 m³	尾矿浆流到下游 8 km 处,淹没大量农田

续表

日期	位置	所属公司	矿石类型	事故类型	泄漏量	产生影响
1979 年 7 月 16 日	美国新墨西哥州	United Nuclear	铀	坝体产生裂缝	37 万 m³ 水，1 000 t 沉积物	大坝下游 110 km 处遭到放射性污染物的污染
1979 年或更早	加拿大不列颠哥伦比亚省			尾矿坝上的管道破裂	4 万 m³ 污水	造成大量的财产损失
1978 年 1 月 31 日	津巴布韦	Corsyn Consolidated Mines	金	连续多天的尾砂浆溢出	3 万 t	1 人死亡，河道被尾砂淤堵
1978 年 1 月 14 日	日本持越	Mochikoshi Gold Mining Company	金	地震造成砂土液化从而导致坝墙破坏	8 万 m³	1 人死亡，尾矿浆流至下游 7～8 km 处
1977 年 2 月 1 日	美国新墨西哥州	Homestake Mining Company	铀	泥浆管道因堵塞而破裂，导致大坝坍塌	3 万 m³	矿区外无影响
1976 年 3 月 1 日	南斯拉夫兹列沃托		铅 锌	路基面破裂，导致大坝破坏	30 万 m³	使附近河流受到污染
1975 年 6 月	美国科罗拉多州西弗顿市		（金属）	尾矿坝溃坝	11.6 万 t	尾矿浆污染阿尼马斯河及其支流可 160 km。造成严重的财产损失。无人员伤亡

时间	地点	公司	矿种	溃坝原因	尾矿量	破坏情况
1975 年 4 月	保加利亚马贾雷沃		铅锌金	尾矿坝高度超过设计水平，导致水塔和集水器超载	25 万 m³	
1975 年	美国蒙大拿州		铅锌	雨后大坝溃坝	15 万 m³	12 人丧生。尾矿浆流至下游 45 km 处
1974 年 11 月 11 日	南非巴福肯		铂	尾矿库的水体渗流导致路基坍塌	300 万 m³	
1974 年 6 月 1 日	美国北卡罗来纳州		云母	雨后大坝溃坝	3. 8 万 m³	尾矿流入邻近的河流
1973 年	美国西南部		铜	孔隙压力增加引起砂土静态液化导致大坝坍塌	17 万 m³	尾矿浆流至下游 25 km 处
1972 年 10 月 20 日	西班牙卡塔赫纳市的布鲁尼塔市	SMM Peñarroya	锌铅	雨后大坝溃坝	7 万 m³	尾矿浆破坏大量生活设施，摧毁联合公墓。1 人死亡
1972 年 2 月 26 日	美国西弗吉尼亚州	Pittston Coal	煤	雨后大坝溃坝	50 万 m³	尾矿浆流至下游 27 km 处，125 人丧生，500 座房屋被毁。财产损失超过了 6 500 万美元
1971 年 12 月 3 日	美国佛罗里达州米德堡	Cities Service Co	磷酸盐		900 万 m³ 的黏土水	尾矿浆沿和平河流动 120 km，大量鱼类死亡

日期	位置	所属公司	矿石类型	事故类型	泄漏量	产生影响
1971年10月30日	罗马尼亚胡内多拉县		金	尾矿坝坍塌	30万m^3的尾矿	尾矿覆盖蓄水池周围4~5km,尾砂浆流向塞尔特吉镇,建筑被毁,89人死亡,76人受伤
1970年	赞比亚穆弗里拉省		铜	尾矿砂土液化	约100万t	89名矿工死亡
1970年	英国麦琪派		黏土	暴雨导致大坝坍塌	1.5万m^3	尾矿浆至下游35m处
1969年或更早	西班牙毕尔巴鄂			暴雨导致的溃坝(液化)	11.5万m^3	下游大量设施破坏,造成了严重的人员伤亡
1968年	日本北海道			地震导致溃坝(液化)	9万m^3	尾矿浆流至下游150m处
1967年3月	美国佛罗里达州米德堡	Mobil Chemical	磷酸盐		25万m^3的磷酸黏土,180万m^3的污水	泥浆流至和平河
1967年	英国		煤	重新分级作业过程中的大坝溃坝		尾矿浆占地4hm^2

时间	地点	矿种	溃坝原因	库容	灾情
1966 年	美国德克萨斯州东部	石膏粉		7.6 万 ~ 13 万 m³ 的石膏粉	泥浆流动 300 m，无死亡人员
1966 年	英国德比郡	煤	基础设施破坏导致的大坝坍塌	3 万 m³	尾矿流至下游 100 m 处
1966 年 10 月 21 日	英国威尔士阿伯凡	煤	暴雨造成的溃坝（液化）	16.2 万 m³	尾矿流至 600 m 处，144 人死亡
1966 年 10 月 9 日	德意志民主共和国 VEB Zinnerz	锡	蒂芬巴克塔尔尾矿坝下的河道偏流导致隧道坍塌	7 万 m³	氧化铁泥浆流入达穆利兹河，易北河直至汉堡
1966 年 5 月 1 日	保加利亚斯戈里格拉德的和平号矿	铅、锌、铜、银	暴雨引起池塘水位上升，导致大坝坍塌和导水通道堵塞	45 万 m³	尾矿浆流动 8 km 到到达瓦拉扎市，摧毁下游 1 km 的斯戈里格拉德村，造成 488 人死亡
1965 年 3 月 28 日	智利贝拉维斯塔	铜	地震导致大坝倒塌	7 万 m³	尾矿浆流至下游 800 m 处
1965 年 3 月 28 日	智利塞罗	铜	地震导致大坝倒塌	8.5 万 m³	尾矿浆流至下游 5 km 处

日期	位置	所属公司	矿石类型	事故类型	泄漏量	产生影响
1965 年 3 月 28 日	智利埃尔科布雷新大坝		铜	地震导致溃坝（液化）	35 万 m^3	尾矿浆流至下游 12 km 处，摧毁埃尔科布雷尔镇，造成 200 多人死亡
1965 年 3 月 28 日	智利埃尔科布雷大坝		铜	地震导致的溃坝（液化）	190 万 m^3	
1965 年 3 月 28 日	智利帕塔瓜新大坝		铜	地震导致的溃坝（液化）	3.5 万 m^3	尾矿浆流至下游 5 km 处
1965 年 3 月 8 日	智利洛斯基		铜	地震导致的溃坝（液化）	2.1 万 m^3	尾矿浆流至下游 5 km 处
1965 年	英国泰马尔		煤	大坝顶坝坍塌		尾矿浆流至下游 700 m 处
1962 年	秘鲁阿尔米维尔卡	Quiruvilca		地震和暴雨导致大坝破坏（液化）		对农业和基础设施造成严重损坏
1961 年	英国泰马尔		煤			尾矿浆流至下游 800 m 处

参考文献

［1］ AZAM S, LI Q R. Tailings dam failures: a review of the last one hundred years ［J］. Geotechnical news, 2010, 28(4): 50-54.

［2］ ZANDARÍN M T, OLDECOP L A, RODRÍGUEZ R, et al. The role of capillary water in the stability of tailing dams ［J］. Engineering Geology, 2009, 105(1-2): 108-118.

［3］ COULIBALY Y, BELEM T, CHENG L Z. Numerical analysis and geophysical monitoring for stability assessment of the Northwest tailings dam at Westwood Mine ［J］. International Journal of Mining Science and Technology, 2017, 27(4): 701-710.

［4］ PALMER J. Creeping earth could hold secret to deadly landslides ［J］. Nature, 2017, 548(7668): 384-386.

［5］ EMEL J, PLISINSKI J, ROGAN J. Monitoring geomorphic and hydrologic change at mine sites using satellite imagery: the Geita Gold Mine in Tanzania ［J］. Applied Geography, 2014, (54): 243-249.

［6］ MINACAPILLI M, CAMMALLERI C, CIRAOLO G, et al. Thermal inertia modeling for soil surface water content estimation: A laboratory experiment ［J］. Soil Science Society of America Journal, 2012, 76(1): 92-100.

［7］ 国家安全生产监督管理总局. 尾矿库安全监测技术规范: AQ 2030—2010 ［S］. 北京: 煤炭工业出版社, 2011.

[8] 中华人民共和国住房和城乡建设部. 尾矿库在线安全监测系统工程技术规范: GB 51108—2015[S]. 北京: 中国计划出版社, 2016.

[9] 李晓新, 王吉宇, 牛昱光. 基于高密度电阻率法的尾矿坝浸润线监测系统设计 [J]. 工矿自动化, 2013, 39(4): 20-23.

[10] 李强, 高松, 牛红凯, 等. 尾矿库浸润线解析解及适用性分析 [J]. 岩土力学, 2020, 41(11): 3714-3721,3756.

[11] 陈凯, 陆得盛, 金枫, 等. 极端气象条件下金属矿山尾矿库在线监测系统研究 [J]. 矿冶, 2014, 23(5): 81-85.

[12] 余乐文, 张达, 张元生, 等. 尾矿库安全在线监测系统供电技术研究 [J]. 金属矿山, 2016(2): 122-124.

[13] 于广明, 宋传旺, 吴艳霞, 等. 尾矿坝的工程特性和安全监测信息化关键问题研究 [J]. 岩土工程学报, 2011, 33(S1): 56-60.

[14] 李青石, 李庶林, 陈际经. 试论尾矿库安全监测的现状及前景 [J]. 中国地质灾害与防治学报, 2011, 22(1): 99-106.

[15] 马国超, 王立娟, 马松, 等. 矿山尾矿库多技术融合安全监测运用研究 [J]. 中国安全科学学报, 2016(7): 35-40.

[16] 高永志, 初禹, 梁伟. 黑龙江省矿集区尾矿库遥感监测与分析 [J]. 国土资源遥感, 2015,27(1): 160-163.

[17] 刘军, 王鹤, 王秋玲, 等. 无人机遥感技术在露天矿边坡测绘中的应用 [J]. 红外与激光工程, 2016, 45(S1): 118-121.

[18] 马国超, 王立娟, 马松, 等. 基于激光扫描和无人机倾斜摄影的露天采场安全监测应用 [J]. 中国安全生产科学技术, 2017, 13(5): 73-78.

[19] 王海龙. 低空摄影测量技术在露天矿山土石方剥离工程量计算方面的应用探索 [J]. 测绘通报, 2014(S2): 170-172.

[20] 陈祖煜, 程耿东, 杨春和. 关于我国重大基础设施工程安全相关科研工作的思考 [J]. 土木工程学报, 2016, 49(3): 1-5.

[21] 杨春和, 张超, 李全明, 等. 大型高尾矿坝灾变机制与防控方法 [J]. 岩土力学, 2021, 42(1): 1-17.

[22] 郑欣, 安华明, 张放, 等. 尾矿坝溃坝生命损失风险控制 [J]. 东北大学学报(自然科学版), 2017, 38(4): 566-570.

[23] 刘洋, 齐清兰, 张力霆. 尾矿库溃坝泥石流的演进过程及防护措施研究 [J]. 金属矿山, 2015 (12): 139-143.

[24] 阮德修, 胡建华, 周科平, 等. 基于 FLO^{2D} 与 3DMine 耦合的尾矿库溃坝灾害模拟 [J]. 中国安全科学学报, 2012, 22(8): 150-156.

[25] 刘磊, 张红武, 钟德钰, 等. 尾矿库漫顶溃坝模型研究 [J]. 水利学报, 2014, 45(6): 675-681.

[26] HUANG Y, DAI Z L. Large deformation and failure simulations for geo-disasters using smoothed particle hydrodynamics method [J]. Engineering Geology, 2014(168): 86-97.

[27] HUANG Y, ZHANG W J, XU Q, et al. Run-out analysis of flow-like landslides triggered by the Ms 8.0 2008 Wenchuan earthquake using smoothed particle hydrodynamics [J]. Landslides, 2012, 9(2): 275-283.

[28] VACONDIO R, MIGNOSA P, PAGANI S. 3D SPH numerical simulation of the wave generated by the Vajont rockslide [J]. Advances in Water Resources, 2013(59): 146-156.

[29] 张力霆, 齐清兰, 李强, 等. 尾矿库坝体溃决演进规律的模型试验研究 [J]. 水利学报, 2016, 47(2): 229-235.

[30] 张兴凯, 孙恩吉, 李仲学. 尾矿库洪水漫顶溃坝演化规律试验研究 [J]. 中国安全科学学报, 2011, 21(7): 118-124.

[31] 尹光志, 敬小非, 魏作安, 等. 尾矿坝溃坝相似模拟试验研究 [J]. 岩石力学与工程学报, 2010, 29(S2): 3830-3838.

[32] 敬小非, 尹光志, 魏作安, 等. 基于不同溃口形态的尾矿坝溃决泥浆流动

特性试验研究［J］. 岩土力学, 2012, 33(3)：745-752.

［33］SOUZA JR T F, TEIXEIRA S H C. Simulation of tailings release in dam break scenarios using physical models［J］. REM - International Engineering Journal, 2019, 72(3)：385-393.

［34］马海涛, 张亦海, 李京京. 国内尾矿库物理模型试验研究现状分析［J］. 中国安全生产科学技术, 2020, 16(12)：61-66.

［35］HELBING D, FARKAS I, VICSEK T. Simulating dynamical features of escape panic［J］. Nature, 2000, 407(6803)：487-490.

［36］SANTAMARINA J C, TORRES-CRUZ L A, BACHUS R C. Why coal ash and tailings dam disasters occur［J］. Science, 2019, 364(6440)：526-528.

［37］王昆, 杨鹏, HUDSON-EDWARDS K, 等. 尾矿库溃坝灾害防控现状及发展［J］. 工程科学学报, 2018, 40(5)：526-539.

［38］INTRIERI E, GIGLI G, MUGNAI F, et al. Design and implementation of a landslide early warning system［J］. Engineering Geology, 2012,(147/148)：124-136.

［39］CAPPARELLI G, TIRANTI D. Application of the MoniFLaIR early warning system for rainfall - induced landslides in Piedmont region（Italy）［J］. Landslides, 2010, 7(4)：401-410.

［40］INTRIERI E, GIGLI G, CASAGLI N, et al. Brief communication"Landslide Early Warning System：toolbox and general concepts"［J］. Natural hazards and earth system sciences, 2013, 13(1)：85-90.

［41］KRZHIZHANOVSKAYA V V, SHIRSHOV G S, MELNIKOVA N B, et al. Flood early warning system：design, implementation and computational modules［J］. Procedia Computer Science, 2011(4)：106-115.

［42］ZARE M, POURGHASEMI H R, VAFAKHAH M, et al. Landslide susceptibility mapping at Vaz Watershed（Iran）using an artificial neural network model: a comparison between multilayer perceptron (MLP) and radial basic function (RBF) algorithms [J]. Arabian Journal of Geosciences, 2013, 6(8): 2873-2888.

[43] 黄磊, 苗放, 王梦雪. 区域尾矿库安全监测预警系统设计与构建 [J]. 中国安全科学学报, 2013, 23(12): 146-152.

[44] 王刚毅, 陈晓方, 桂卫华. 多源信息融合的尾矿库实时预警与评估系统设计 [J]. 计算技术与自动化, 2012, 31(4): 80-82.

[45] DONG L, SHU W W, SUN D Y, et al. Pre-alarm system based on real-time monitoring and numerical simulation using Internet of things and cloud computing for tailings dam in mines [J]. IEEE Access, 2017(5): 21080-21089.

[46] 王晓航, 盛金保, 张行南, 等. 基于 GIS 技术的溃坝生命损失预警综合评价模型研究 [J]. 水力发电学报, 2011, 30(4): 72-78.

[47] 何学秋, 王云海, 梅国栋. 基于流变-突变理论的尾矿坝溃坝机理及预警准则研究 [J]. 中国安全科学学报, 2012, 22(9): 74-78.

[48] 王英博, 王琳, 李仲学. 基于 HS-BP 算法的尾矿库安全评价 [J]. 系统工程理论与实践, 2012, 32(11): 2585-2590.

[49] 王英博, 聂娜娜, 王铭泽, 等. 修正型果蝇算法优化 GRNN 网络的尾矿库安全预测 [J]. 计算机工程, 2015, 41(4): 267-272.

[50] 李娟, 李翠平, 李春民, 等. 支持向量回归机在尾矿坝浸润线预测中的应用 [J]. 中国安全生产科学技术, 2009, 5(1): 76-79.

[51] DONG L J, SUN D Y, LI X B. Theoretical and case studies of interval nonprobabilistic reliability for tailing dam stability [J]. Geofluids, 2017(11): 1-11.

[52] 王肖霞, 杨风暴, 吉琳娜, 等. 基于柔性相似度量和可能性歪度的尾矿坝风险评估方法 [J]. 上海交通大学学报, 2014, 48(10): 1440-1445.

[53] SCHOENBERGER E. Environmentally sustainable mining: The case of

tailings storage facilities [J]. Resources Policy, 2016(49)119-128.

[54] 李全明, 张红, 李钢. 中国与加拿大尾矿库安全管理对比分析 [J]. 中国矿业. 2017,26(1): 21-24, 48.

[55] 李仲学, 曹志国, 赵怡晴. 基于 Safety case 和 PDCA 的尾矿库安全保障体系 [J]. 系统工程理论与实践, 2010, 30(5): 936-944.

[56] 王涛, 侯克鹏, 郭振世, 等. 层次分析法（AHP）在尾矿库安全运行分析中的应用 [J]. 岩土力学, 2008, 29(S1):680-686.

[57] 谢旭阳, 田文旗, 王云海, 等. 我国尾矿库安全现状分析及管理对策研究 [J]. 中国安全生产科学技术, 2009, 5(2): 5-9.

[58] QUADRA G R, ROLAND F, BARROS N, et al. Far-reaching cytogenotoxic effects of mine waste from the Fundão dam disaster in Brazil [J]. Chemosphere, 2019(215): 753-757.

[59] WEBER A A, SALES C F, DE SOUZA FARIA F, et al. Effects of metal contamination on liver in two fish species from a highly impacted neotropical river: A case study of the Fundão dam, Brazil [J]. Ecotoxicol Environ Saf, 2020(190): 110165.1-110165.9.

[60] 张力霆. 尾矿库溃坝研究综述 [J]. 水利学报, 2013,44(5): 594-600.

[61] LUCY L B. A numerical approach to the testing of the fission hypothesis [J]. The astronomical journal, 1977(82): 1013-1024.

[62] GINGOLD R A, MONAGHAN J J. Smoothed particle hydrodynamics: theory and application to non-spherical stars [J]. Monthly notices of the royal astronomical society, 1977, 181(3): 375-389.

[63] SHADLOO M S, OGER G, LE TOUZÉ D. Smoothed particle hydrodynamics method for fluid flows, towards industrial applications: Motivations, current state, and challenges [J]. Computers & Fluids, 2016(136): 11-34.

[64] 许波, 谢谟文, 胡嫚. 基于 GIS 空间数据的滑坡 SPH 粒子模型研究 [J].

岩土力学, 2016, 37(9): 2696-2705.

[65] FENG S J, GAO H Y, GAO L, et al. Numerical modeling of interactions between a flow slide and buildings considering the destruction process [J]. Landslides, 2019, 16(10): 1903-1919.

[66] CHOI S K, PARK J Y, LEE D H, et al. Assessment of barrier location effect on debris flow based on smoothed particle hydrodynamics (SPH) simulation on 3D terrains [J]. Landslides, 2021, 18(1): 217-234.

[67] MCDOUGALL S, HUNGR O. A model for the analysis of rapid landslide motion across three-dimensional terrain [J]. Canadian Geotechnical Journal, 2004, 41(6): 1084-1097.

[68] IVERSON R M. The physics of debris flows [J]. Reviews of Geophysics, 1997, 35(3): 245-296.

[69] WANG X G, WEI Z A, LI Q G, et al. Experimental research on the rheological properties of tailings and its effect factors [J]. Environmental Science and Pollution Research, 2018, 25(35): 35738-35747.

[70] 王友彪, 姚昌荣, 刘赛智, 等. 泥石流对桥墩冲击力的试验研究 [J]. 岩土力学, 2019, 40(2): 616-623.

[71] SCHIPPA L. Modeling the effect of sediment concentration on the flow-like behavior of natural debris flow [J]. International journal of sediment research, 2020, 35(4): 315-327.

[72] WANG W, CHEN G, HAN Z, et al. 3D numerical simulation of debris-flow motion using SPH method incorporating non-Newtonian fluid behavior [J]. Natural hazards, 2016, 81(3): 1981-1998.

[73] MAHDI A, SHAKIBAEINIA A, DIBIKE Y B. Numerical modelling of oil-sands tailings dam breach runout and overland flow [J]. Science of Total Environment, 2020(703): 134568.

[74] WENDLAND H. Piecewise polynomial, positive definite and compactly supported radial functions of minimal degree [J]. Advances in computational Mathematics, 1995, 4(1): 389-396.

[75] MONAGHAN J J. Simulating free surface flows with SPH [J]. Journal of computational physics, 1994, 110(2): 399-406.

[76] MONAGHAN J J. Smoothed particle hydrodynamics [J]. Annual review of astronomy and astrophysics, 1992, 30(1): 543-574.

[77] ALTOMARE C, CRESPO A J C, ROGERS B D, et al. Numerical modelling of armour block sea breakwater with smoothed particle hydrodynamics [J]. Computers & Structures, 2014(130): 34-45.

[78] ALTOMARE C, CRESPO A J C, DOMÍNGUEZ J M, et al. Applicability of smoothed particle hydrodynamics for estimation of sea wave impact on coastal structures [J]. Coastal Engineering, 2015(96): 1-12.

[79] VIOLEAU D, ROGERS B D. Smoothed particle hydrodynamics (SPH) for free-surface flows: past, present and future [J]. Journal of Hydraulic Research, 2016, 54(1): 1-26.

[80] CRESPO A J, GÓMEZ-GESTEIRA M, DALRYMPLE R A. Modeling dam break behavior over a wet bed by a SPH technique [J]. Journal of waterway, port, coastal, and ocean engineering, 2008, 134(6): 313-320.

[81] MOLTENI D, COLAGROSSI A. A simple procedure to improve the pressure evaluation in hydrodynamic context using the SPH [J]. Computer Physics Communications, 2009, 180(6): 861-872.

[82] CRESPO A C, DOMINGUEZ J M, BARREIRO A, et al. GPUs, a new tool of acceleration in CFD: efficiency and reliability on smoothed particle hydrodynamics methods [J]. PloS one, 2011, 6(6): e20685.

[83] DOMÍNGUEZ J M, CRESPO A J C, GÓMEZ-GESTEIRA M. Optimization

strategies for CPU and GPU implementations of a smoothed particle hydrodynamics method [J]. Computer Physics Communications, 2013, 184 (3): 617-627.

[84] 敬小非. 尾矿坝溃决泥沙流动特性及灾害防护研究 [D]. 重庆:重庆大学, 2011.

[85] WANG K, YANG P, HUDSON-EDWARDS K, et al. Integration of DSM and SPH to Model Tailings Dam Failure Run-Out Slurry Routing Across 3D Real Terrain [J]. Water, 2018, 10(8): 1087.

[86] 胡凯衡, 崔鹏, 李浦. 泥石流动力学模型与数值模拟 [J]. 自然杂志, 2014, 36(5): 313-318.

[87] FOURIE A. Perceived and realized benefits of paste and thickened tailings for surface deposition [J]. Journal of the Southern African Institute of Mining and Metallurgy, 2012, 112(11): 919-926.

[88] FRANKS D M, BOGER D V, CÔTE C M, et al. Sustainable development principles for the disposal of mining and mineral processing wastes [J]. Resources policy, 2011, 36(2): 114-122.

[89] 于随然, 陶璟. 产品全生命周期设计与评价 [M]. 北京:科学出版社, 2012.

[90] BEYLOT A, VILLENEUVE J. Accounting for the environmental impacts of sulfidic tailings storage in the Life Cycle Assessment of copper production: A case study [J]. Journal of Cleaner Production, 2017(153): 139-145.

[91] 吴爱祥, 杨莹, 程海勇, 等. 中国膏体技术发展现状与趋势 [J]. 工程科学学报, 2018, 40(5): 517-525.

[92] WANG C, HARBOTTLE D X, LIU Q, et al. Current state of fine mineral tailings treatment: A critical review on theory and practice [J]. Miner Eng, 2014(58): 113-131.

[93] KOSSOFF D, DUBBIN W E, ALFREDSSON M, et al. Mine tailings dams: Characteristics, failure, environmental impacts, and remediation [J]. Appl Geochem, 2014, 51: 229-245.

[94] 商林萍, 于永江, 刘义良, 等. 新一代尾矿干排工艺和设备的应用 [J]. 矿冶工程, 2011, 31(3): 70-72.

[95] 肖汉雄, 杨丹辉. 基于产品生命周期的环境影响评价方法及应用 [J]. 城市与环境研究, 2018, 5(1): 88-105.